LA
SÉLECTION NATURELLE
DANS L'ESPÈCE HUMAINE

(CONTRIBUTION A L'ÉTUDE DE L'HÉRÉDITÉ CONVERGENTE)

PAR

Le Dr Fernand DEBRET

Ancien interne provisoire des hôpitaux de Paris
Médaille de bronze de l'Assistance publique

PARIS

G. STEINHEIL, ÉDITEUR

2, RUE CASIMIR-DELAVIGNE, 2

1901

LA
SÉLECTION NATURELLE

DANS L'ESPÈCE HUMAINE

(CONTRIBUTION A L'ÉTUDE DE L'HÉRÉDITÉ CONVERGENTE)

IMPRIMERIE A.-G. LEMALE, HAVRE

LA
SÉLECTION NATURELLE
DANS L'ESPÈCE HUMAINE

(CONTRIBUTION A L'ÉTUDE DE L'HÉRÉDITÉ CONVERGENTE)

PAR

Le Dr Fernand DEBRET

Ancien interne provisoire des hôpitaux de Paris
Médaille de bronze de l'Assistance publique

———

PARIS

G. STEINHEIL, ÉDITEUR

2, RUE CASIMIR-DELAVIGNE, 2

—

1901

LA

SÉLECTION NATURELLE DANS L'ESPÈCE HUMAINE

(CONTRIBUTION A L'ÉTUDE DE L'HÉRÉDITÉ CONVERGENTE)

INTRODUCTION

> « L'élection n'est pas une théorie, mais un fait. »
>
> (QUATREFAGES.)

Durant notre année d'internat à Bicêtre, nous avions été frappé, en prenant les antécédents de nos malades, de la fréquence de l'hérédité convergente, fréquence telle, qu'il nous semblait y avoir là autre chose qu'un simple effet du hasard.

Une observation, publiée autrefois par notre maître, M. le Dr Séglas, et dont il nous donna connaissance à ce propos, nous parut plus significative que les autres et mettre en lumière le mécanisme de ces faits (observation IX).

C'était un tableau assez détaillé de la marche progressive des dégénérescences dans une famille, dont les unions, légitimes ou non, présentaient ce caractère particulier d'avoir été présidées non par des considérations de fortune ou des raisons de caste, mais par une sorte de fatalité, pour mieux dire, par une loi naturelle : une véritable sorte d'affinité élective semblait, en effet, avoir dicté ces unions.

Il a d'ailleurs été déjà remarqué que les dégénérés, en vertu de leur état même, se recherchent, s'attirent les uns les autres, réunissant ainsi toutes les conditions qui développent, au lieu de les combattre, les tendances spéciales de leur organisation.

A moins de circonstances exceptionnelles de régénération, on sait que les produits des êtres dégénérés offrent des types de dégradation progressive : d'après Morel, cette progression peut atteindre de telles limites, qu'il semble s'établir là comme une compensation, par l'excès même du mal ; et la raison en est simple : au bout de quelques générations, ces individus sont frappés de stérilité ; ils sont donc incapables de transmettre le type de leur dégénérescence.

Grâce à cette affinité, à cette attraction, entre individus également ou plus ou moins tarés, il s'est ainsi produit une véritable sélection naturelle : les dégénérés devant succomber, car ils ne peuvent s'adapter ni aux conditions de la nature et de la civilisation, ni se maintenir dans la lutte contre les êtres sains.

C'est précisément l'étude de cette sélection naturelle dans l'espèce humaine, expliquée par les dégénérescences et l'hérédité convergente, qui a fait le sujet de notre thèse inaugurale

Ce modeste travail repose sur l'interprétation des observations que nous rapportons, et résulte de nos lectures sur l'hypothèse transformiste, transportée, pour le moment, dans le domaine de la pathologie générale.

Nous n'avons eu nullement l'ambition ou la prétention de faire là un travail entièrement original ; « j'ay seulement

« faict icy un amas de fleurs estrangières, — pourriôns-
« nous dire, — n'y ayant fourny du mien que le filet à les
lier ». (Montaigne.)

Mais, avant d'aller plus loin, nous tenons à suivre la
tradition qui consiste à adresser à nos maîtres l'expression
de notre profonde et franche gratitude : au moment de ter-
miner nos études, cette occasion se présente à nous ; ce nous
est un plaisir de leur témoigner publiquement notre reconnaissance en échange de l'enseignement que nous avons reçu
d'eux : qu'il nous soit donc permis de remercier tous ceux qui
ont bien voulu nous faciliter notre tâche, tant dans notre éducation médicale, que dans l'élaboration de ce modeste travail.

D'abord, que M. le Dr Hervey, chirurgien à l'Hôtel-Dieu
de Troyes, et notre premier maître, reçoive tous nos hom-
mages.

A l'Hôtel-Dieu de Paris, au début de nos études médicales,
M. le Professeur Duplay nous a appris les premiers éléments
de la chirurgie : nous ne saurions trop l'en remercier.

Admis ensuite dans les services de MM. les Drs Gérard-
Marchant et Delbet, à Laënnec, nous avons mis à profit leur
enseignement.

Stagiaire dans le service de M. le Dr Merklen, nous y avons
appris les premières notions de l'auscultation.

Tous ces maîtres ont droit à notre reconnaissance, pour
l'enseignement qu'ils nous ont donné.

Durant notre externat, deux noms nous sont chers à rappeler : celui de M. le Dr Tapret, qui avait bien voulu nous
accepter d'abord à titre d'ami, et ensuite comme externe :
nous avons appris chez lui les idées générales que nous avons
en médecine.

Celui de M. le Dr Lucas-Championnière, dont l'affabilité
exquise nous a laissé le meilleur souvenir.

Nous n'oublierons pas non plus M. le Dr Moizard, à qui nous devons ce que nous savons de la pratique de la médecine infantile ;

M. le D^r Du Castel, qui a facilité notre instruction dans l'étude des maladies de la peau ;

M. le Professeur Pinard, notre compatriote, et M. le Dr Bonnaire, qui nous ont fait entrevoir ce qu'était l'art des accouchements et les difficultés qu'il présente ;

M. le Dr Roy, chirurgien-dentiste des hôpitaux, qui nous a donné les quelques notions d'art dentaire que nous possédons.

Pendant notre année d'internat provisoire, à Bicêtre, nous avons eu le plaisir d'avoir comme maître, M. le Dr Séglas ; nous lui avons demandé notre sujet de thèse ; nous sommes heureux de lui prouver ouvertement notre amitié.

Enfin M. le Dr Demoulin, chirurgien des hôpitaux, et notre compatriote, a droit plus particulièrement à notre reconnaissance, il fut pour nous plus qu'un maître, ce fut un ami dévoué : plusieurs fois, nous avons eu besoin de ses conseils, de ses services, qu'il soit assuré de trouver en nous une gratitude et un dévoûment inaltérables.

Que M. le professeur Brissaud, qui nous a fait l'honneur d'accepter la présidence de notre thèse, veuille croire à l'expression de notre profonde reconnaissance.

HISTORIQUE

Nous débuterons par un rapide aperçu sur l'historique de la théorie darwinienne, que nous allons mettre à profit, pour expliquer les faits relatés dans nos observations.

La doctrine du transformisme est encore appelée théorie de la descendance, ou mieux darwinisme, du nom du savant qui, par ses travaux, a le plus contribué à son établissement.

On a donné comme précurseurs de Darwin, dans l'antiquité, Anaximandre ; Héraclite, d'Éphèse ; Empédocle, d'Agrigente. Sans remonter si haut, où l'on courrait le risque de prêter à des gens des idées qu'ils n'ont jamais eues peut-être, nous devons cependant reconnaître que dans la littérature grecque et latine on trouve des passages qui ne manquent pas d'attirer notre attention à ce sujet ; c'est ainsi que Lucrèce dit « que les espèces actuelles ne subsistent que grâce à leur astuce, à leur force, à leur vitalité : les autres ont péri ».

Plutarque, cherchant à rendre compte pourquoi les chevaux des pays où il y a des loups courent plus vite que les autres, a donné cette raison : « Ceux-là seuls ont survécu, les plus paresseux ayant été rejoints. »

Puis il nous faut franchir un espace de temps assez considérable pour trouver les premiers traits de la sélection naturelle. Un important mémoire de Benjamin Franklin en 1751, où il traite de la reproduction de l'espèce humaine, semble avoir donné la première impulsion au livre fameux de Malthus ; et c'est, à son tour, de la doctrine malthusienne que s'inspira Darwin, devancé, il faut le dire, dans sa célèbre théorie par son grand-père, Érasme Darwin, qui avait déjà su découvrir l'action et la portée de la sélection naturelle et de la sélection sexuelle.

Autour de la même époque, d'après Étienne Geoffroy-Saint-Hilaire, Pascal aurait écrit une phrase, que l'on n'aurait malheureusement pas retrouvée dans ses œuvres :

« Les êtres animés, disait-il, n'étaient à leur début que des individus informes et ambigus, dont les circonstances permanentes, au milieu desquelles ils vivaient, ont décidé originairement la constitution. » N'est-ce pas là la loi de l'évolution ?

Enfin, citons encore Buffon, Maillet, Robinet, Duchesne, Geoffroy-Saint-Hilaire et R. Wallace.

Certains même ont été plus de l'avant ; ils semblent avoir laissé pressentir Darwin : nous voulons parler de W. C. Wels, qui soutenait en 1813, devant la *Royal Society*, que les variétés dans l'espèce humaine étaient produites par une sélection naturelle, avec les mêmes procédés qu'emploient les éleveurs, mais plus lentement. Le mot « sélection » était donc déjà cité.

Chez nous, Naudin, en 1852, émettait l'opinion que la nature procède, pour former les espèces, de la même façon que l'homme lorsqu'il crée des variétés ; il faut avouer que les vues de cet éminent botaniste sur la sélection étaient encore bien empreintes de la conception téléologique.

A la vérité, les trois hommes qui ont le plus contribué à l'établissement de cette doctrine furent : en France, Lamarck ; en Angleterre, Darwin ; en Allemagne, Gœthe. Ce qu'il y a de curieux à noter, c'est qu'ils appartenaient aux trois nations qui tenaient la tête du mouvement scientifique.

Lamarck, Isidore Geoffroy-Saint-Hilaire avaient établi, en somme, la doctrine de la transformation ; mais Darwin devait recueillir, combiner tous les travaux, tous les problèmes soulevés, discutés, même raillés et abandonnés avant lui, et, par sa théorie fameuse de la sélection naturelle, couronner l'achèvement de la théorie de la transformation : il était aidé dans sa tâche par la pratique expérimentale des éleveurs, des horticulteurs, combinée avec le seul principe de population de Malthus.

Lorsque Darwin publia ses ouvrages où il exposait ses idées, ce fut une véritable révolution dans la science : on fut póur ou contre Darwin. Soutenu par de fervents partisans, il fut violemment attaqué par ses adversaires ; la période d'enthousiasme fit place à celle de la réaction ; puis, peu à peu, cette théorie entra en quelque sorte dans nos mœurs et, aujourd'hui, elle est relativement admise en partie, et par tous, dans l'étude des sciences en général.

Ce n'est pas le lieu de développer en détail la théorie darwinienne ; avec M. Mathias Duval, nous résumerons d'une façon très succincte les principaux points qu'il faut retenir :

1° Les êtres organisés, à côté des caractères spécifiques, présentent des variations individuelles qu'on peut le plus souvent attribuer à des influences de milieu.

2° Les caractères individuels sont transmis par la génération : ils sont plus ou moins héréditaires ; c'est ici qu'il expose les lois de l'hérédité, à l'aide de nombreux exemples.

3° Les caractères héréditaires sont fixés et exagérés par la sélection artificielle pour les animaux domestiques. Exemples.

4° A l'état sauvage une sélection semblable est produite, toutes les fois qu'un caractère individuel héréditaire donne, au sujet qui en est pourvu, une chance de survivance ou, d'une manière plus générale, un avantage quelconque dans la lutte pour l'existence et la reproduction : c'est la sélection naturelle, dont le mécanisme, c'est la survivance du plus apte.

5° Enfin, ces caractères, développés par l'une ou l'autre sélection, arrivent à produire des individus dont les caractères divergent de plus en plus, et de simples variations à l'origine deviennent, en fin de compte, des caractères de races puis d'espèces.

A l'aide de ces données, nous pourrons interpréter plus facilement le sens de nos observations.

Les lois de l'hérédité, des dégénérescences et de la sélection naturelle nous étant connues, nous aurons là un moyen d'interprétation véritablement scientifique.

DIVISIONS

Que nous enseigne la lecture de nos observations ?

Qu'il y a des familles vouées aux malheurs ; les diathèses se mettent à leur remorque et les exterminent : chez les unes, c'est le cancer ; chez les autres, la tuberculose ; chez d'autres enfin, les névropathies ; le plus souvent même, il y a alternance, ou fusion, ou remplacement de toutes ces formes, qui aboutissent d'ailleurs toutes au même but : la disparition de ces familles, leur extinction.

Ce sera notre premier chapitre : les dégénérescences avec leurs facteurs et leur résultat.

Leur action se transmet par l'hérédité et s'accentue par conséquent de génération en génération : nous en ferons le sujet d'un deuxième chapitre, où nous étudierons en détail l'influence de cette hérédité et de l'hérédité en général.

Tous ces dégénérés arrivent à la longue à former une véritable famille à part : à leur dépens se fait une sélection cruelle, mais non bienfaisante en elle-même ; c'est sans s'en apercevoir, *naturellement*, qu'ils se groupent : c'est l'œuvre de la sélection naturelle, qui fera le sujet de notre troisième étude.

Nous terminerons par une vue sur les moyens dont nous disposons pour faire face à cette sélection naturelle : nous voulons parler de la prophylaxie, que nous ferons suivre de nos conclusions.

CHAPITRE PREMIER

Les dégénérescences de l'espèce humaine.

Nous dirons immédiatement que nous employons ce mot comme synonyme de dégénération, de déchéance. Ce dernier terme nous plairait le mieux pour traduire notre pensée : nous le prenons ainsi dans son sens le plus large ; en effet, son usage le plus fréquent est limité à la médecine mentale : nous avons l'intention de l'étendre à toutes les causes pathologiques susceptibles de rendre un individu « inférieur dans sa résistance psycho-physique à ses générateurs » (Legrain). Nous voyons dans le dégénéré un déchu, un dépossédé de ses moyens de lutte pour l'existence, et dont la descendance porte le cachet inaltérable.

Morel (1857), ancien médecin en chef de l'asile de Saint-Yon, dans son *Traité des dégénérescences physiques, intellectuelles et morales de l'espèce humaine*, définit la dégénérescence : « une déviation maladive du type normal de l'humanité ».

Nous acceptons une partie de cette définition, car elle embrasse un grand nombre d'états pathologiques ayant le sceau de l'hérédité, mais nous ne l'admettons pas, scientifiquement, en entier ; car Morel semble ne pouvoir déterminer ce type normal autrement que par des citations de théologiens : il comprend les dégénérés juste à l'opposé de la théorie transformiste.

Nous nous rallierons plus volontiers à l'opinion de M. le Dr Féré, qui voit dans la dégénérescence « la perte des qualités héréditaires qui ont déterminé et fixé les adaptations de la race ». La descendance, en effet, devient de moins en moins capable de s'adapter, en raison de ses défauts physiques, intellectuels et moraux : c'est la déviation, « la dissolution de l'hérédité » (Féré).

Le dégénéré hérite de ses ancêtres des tares, c'est-à-dire, en quelque sorte, une somme incomplète de résistances nécessaires pour son évolution propre, et qu'il léguera à son tour à ses descendants : c'est une perte de l'intégrité de l'héritage des adaptions ancestrales et des qualités de la race, « hérédité et adaptabilité étant les deux conditions de l'évolution, c'est-à-dire de l'existence » (Féré).

Il résulte que le dégénéré, n'ayant plus les ressources de ses générateurs, ressources qui avaient donné à ces derniers la possibilité de triompher, se trouvera dans un état d'infériorité marquée : incapable en outre d'acquérir de nouvelles qualités de défense, il se trouvera, par la suite, vaincu dans la lutte de la concurrence vitale, puisque la survivance appartient au plus apte.

La dégénérescence ainsi comprise nous apparaît comme un véritable état pathologique, une sorte de processus atrophique des éléments de lutte des individus ; et la meilleure preuve en est que le type dégénéré ne se reproduit pas : il est appelé à disparaître ; cet état maladif exclut en effet la possibilité d'une continuité ou d'un progrès dans l'espèce.

Réunissez une population de scrofuleux, de rachitiques, de syphilitiques, d'aliénés ; favorisez les unions sexuelles entre ces différentes catégories de maladifs, et vous verrez cette population disparaître complètement, et voici pourquoi : chez les dégénérés, le terme moyen de l'existence diminue, la viabi-

lité des enfants nouveau-nés est de moins en moins assurée ;
la constitution devient frêle, chétive ; la taille, peu élevée ;
les enfants sont atteints le plus souvent de difformités,
d'arrêts de développement ; les troubles de l'ordre intellectuel
et moral s'ajouteront pour aggraver la situation ; nous aurons
devant les yeux « le déchet de la civilisation », comme le
désigne M. le Dr Féré, et le processus intime de leur dégénérescence aboutit à l'amoindrissement total et finalement
à la stérilité : c'est le terme extrême de la dégénérescence,
impuissance due, soit au non développement des organes
génitaux, soit à l'absence de toute faculté prolifique.

Quant aux dégénérés que l'on marie dans des familles dont
les tares sont faibles ou nulles, s'ils peuvent continuer leur
race, ce n'est souvent que dans des conditions de plus en
plus appréciables de transmission dégénérative ; et il arrive
une époque où la dégénérescence est tellement profonde que
la possibilité de s'unir, même entre dégénérés, devient une
chose irréalisable : les dégénérés ne constituent donc pas de
races viables.

La lecture du mémoire de Doutrebente, *Annales médico-
psychologiques*, mai 1887, est des plus instructives à cet
égard ; parmi ces nombreuses observations, il n'y a que l'embarras du choix : nous allons rapporter seulement les plus
typiques :

1° FAMILLE DEG...

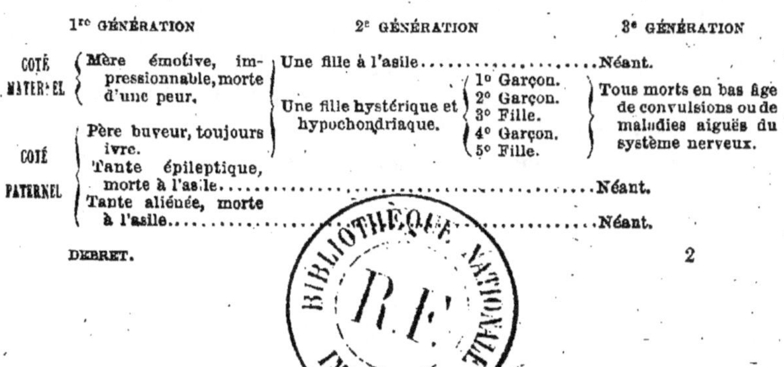

	1re GÉNÉRATION	2e GÉNÉRATION		3e GÉNÉRATION
COTÉ MATERNEL	Mère émotive, impressionnable, morte d'une peur.	Une fille à l'asile.......................Néant.		
		Une fille hystérique et hypochondriaque.	1° Garçon. 2° Garçon. 3° Fille. 4° Garçon. 5° Fille.	Tous morts en bas âge de convulsions ou de maladies aiguës du système nerveux.
COTÉ PATERNEL	Père buveur, toujours ivre.			
	Tante épileptique, morte à l'asile...............................Néant.			
	Tante aliénée, morte à l'asile...............................Néant.			

DEBRET.

2

2° FAMILLE C...

1ʳᵉ GÉNÉRATION	2ᵉ GÉNÉRATION	3ᵉ GÉNÉRATION
MÈRE (Intelligente.	1° Garçon très mobile, disparu. 2° Fille dans un asile. 3° Garçon microcéphale, faible d'esprit. 4° Fille imbécile. 5° Garçon } morts de convulsions. 6° Fille	Néant.
PÈRE { Idiotie, accidents hystériformes.		

3° FAMILLE LETOUR...

1ʳᵉ GÉNÉRATION	2ᵉ GÉNÉRATION	3ᵉ GÉNÉRATION	4ᵉ GÉNÉRATION
(?)	PÈRE. (Aliéné, suicidé. MÈRE. (Peu intelligente.	1° Fils, suicidé. 2° Fille, suicidée. 3° Fille, tendance au suicide	Néant.

Nous pourrions reproduire ici encore bien d'autres observations publiées par le même auteur : nous retrouverons les mêmes conclusions dans nos observations inédites, au chapitre de la sélection. (Observations inédites, Dr Séglas, II, IV, V, VI, VII.) (Observation personnelle, XI.)

Par cet exposé, nous voyons que, à un moment donné, et qui le plus souvent est assez proche, la plupart de ces familles sont fauchées par les diathèses : si elles ont des enfants, ceux ci meurent tous jeunes, sans avoir eu la possibilité de procréer, ou leur descendance est bien chétive et malingre, dénuée de toute capacité prolifique.

On a donné de la dégénérescence une liste interminable de stigmates : la microcéphalie, la macrocéphalie, la scaphocéphalie ou crâne en carène, l'acrocéphalie ou tête élevée, le prognathisme, les malformations du pavillon de l'oreille, sur lesquelles, notre maître, M. le Dr Séglas, a beaucoup insisté ; les anomalies de l'œil et des paupières, du voile du palais, des lèvres, des dents ; les déformations des membres, de la colonne vertébrale, du thorax, des organes génitaux, du système pileux ; voilà pour les signes physiques.

Des appréhensions, des craintes injustifiées, des impulsions irrésistibles, des perversions singulières des tendances et des appétits physiologiques, particulièrement l'inversion du sens génital, l'onomatomanie; voilà pour les signes psychiques.

Chaque jour, on augmente encore ce chapitre ; on voit partout des stigmates de dégénérescence.

Il semble que tous ces signes, à chacun desquels nous accordons une certaine valeur, surtout lorsqu'il est associé à d'autres, ont été mis en vedette pour dépister les dégénérés, tels qu'on les comprend en médecine mentale, c'est-à-dire dans un clan fort restreint.

Si nous les recherchons chez les individus atteints de dégénérescence, au sens étendu que nous avons donné de ce mot, nous risquerions de les voir manquer souvent : eh bien! un caractère cependant est commun à toutes ces dégénérescences, c'est précisément la stérilité finale : c'est là le critérium; stérilité précipitée dans son aboutissant, en vertu de je ne sais quelle loi aveugle, qui pousse les dégénérés à s'accoupler entre eux, comme nous le verrons plus loin.

Par conséquent, si, chez certains, ce sera le système nerveux qui paraîtra avoir été le plus particulièrement lésé, chez d'autres, ce sera tantôt le cœur, tantôt les artères, tantôt les poumons ; qu'importe, ils auront de commun ce point : qu'ils auront leur capacité vitale diminuée, leurs organes n'ayant point atteint leur parfait degré de développement, ou présentant un lieu de moindre résistance, leurs fonctions se feront mal ; ils seront des victimes vouées aux maladies. C'est en cela qu'ils se ressembleront, formant des familles morbides, ayant de la tendance à s'unir, plutôt qu'à s'éloigner.

Et cependant, en opposition à cette stérilité rapide et

précoce, il n'est pas rare de voir une prolificité étonnante, précéder l'extinction de la race ; les observations suivantes en sont des exemples curieux :

Bourneville et Séglas, dans les *Archives de neurologie*, 1885, tracent, dans leur mémoire sur les familles d'idiots, des tableaux généalogiques qui sont pleins d'intérêt à ce sujet.

1° FAMILLE HORN...

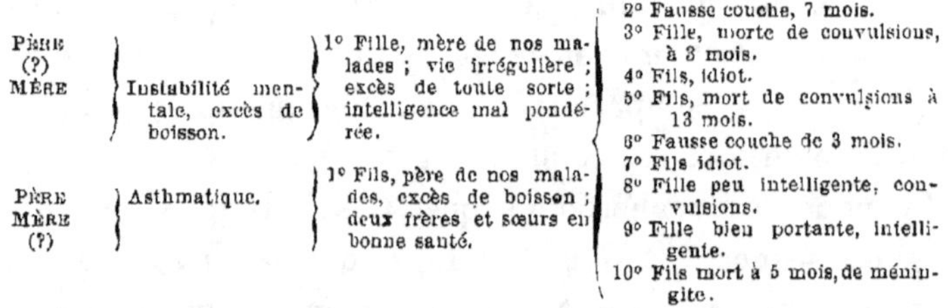

On ne peut manquer d'être frappé de la prolificité de cette famille, toute passagère d'ailleurs, éphémère, véritable feu de paille : la race n'y gagne ni en qualité, ni même en quantité ; car les sujets n'y font qu'apparaître pour disparaître aussitôt.

Nous trouvons dans le même mémoire, une autre observation semblable :

2° FAMILLE BOUT...

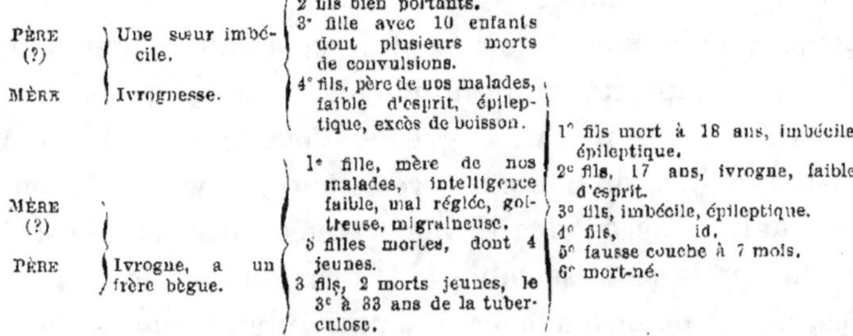

Mêmes remarques que précédemment : ce n'est pas la quantité des sujets qui a manqué pour permettre une descendance, mais bien la qualité, d'où impossibilité de procréer.

Plus frappante encore est l'observation de Doutrebente (*Annales médico-psychologiques*, mai 1887), que nous allons transcrire. Le nombre des enfants y est considérable, mais les tares sont telles que bientôt la race sera éteinte, après une prolificité qui passe comme un éclair.

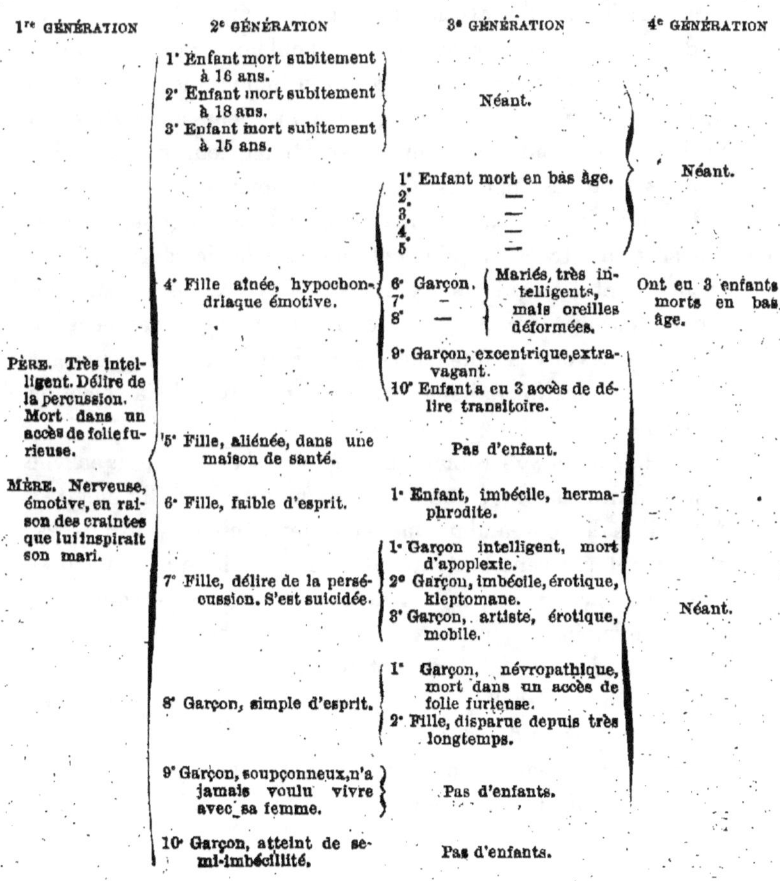

1re GÉNÉRATION	2e GÉNÉRATION	3e GÉNÉRATION	4e GÉNÉRATION
	1° Enfant mort subitement à 16 ans.		
	2° Enfant mort subitement à 18 ans.	Néant.	
	3° Enfant mort subitement à 15 ans.		
		1° Enfant mort en bas âge.	Néant.
		2° —	
		3° —	
		4° —	
		5°	
	4° Fille aînée, hypochondriaque émotive.	6° Garçon. / 7° — / 8° — Mariés, très intelligents, mais oreilles déformées.	Ont eu 3 enfants morts en bas âge.
PÈRE. Très intelligent. Délire de la percussion. Mort dans un accès de folie furieuse.		9° Garçon, excentrique, extravagant.	
		10° Enfant a eu 3 accès de délire transitoire.	
	5° Fille, aliénée, dans une maison de santé.	Pas d'enfant.	
MÈRE. Nerveuse, émotive, en raison des craintes que lui inspirait son mari.	6° Fille, faible d'esprit.	1° Enfant, imbécile, hermaphrodite.	
	7° Fille, délire de la persécussion. S'est suicidée.	1° Garçon intelligent, mort d'apoplexie. 2° Garçon, imbécile, érotique, kleptomane. 3° Garçon, artiste, érotique, mobile.	Néant.
	8° Garçon, simple d'esprit.	1° Garçon, névropathique, mort dans un accès de folie furieuse. 2° Fille, disparue depuis très longtemps.	
	9° Garçon, soupçonneux, n'a jamais voulu vivre avec sa femme.	Pas d'enfants.	
	10° Garçon, atteint de semi-imbécillité.	Pas d'enfants.	

Reconnaissons que ce n'est pas la descendance qui fait défaut ; et malgré tout, la terminaison de cette famille est relativement très proche, même si on considère le grand nombre de membres qu'elle avait eus.

Mêmes réflexions à propos des observations I, Cullere ; III, VIII, inédites, Drs Séglas ; X, Mathos.

Dans ces observations, où l'on note une souche extraordinairement nombreuse, la stérilité n'en est pas moins le terme ultime. (Observation Dr Séglas, IX.)

Résumant, nous dirons avec M. Toulouse « que la dégénérescence, c'est l'ensemble des tares biologiques, qui diminue la vitalité des individus, ainsi que leur adaptation au milieu, et tendent finalement à empêcher leur reproduction par les troubles apportés à l'hérédité normale ».

Le point le plus curieux de l'histoire de ces dégénérés, c'est une sorte d'attraction qu'ils ont les uns pour les autres ; ils se recherchent, et, qui pis est, ils se trouvent ; ils accumulent ainsi l'hérédité double et précipitent la dégénérescence ; il semble y avoir là une force supérieure qui les pousse à s'unir, pour les faire disparaître : c'est l'œuvre de la sélection naturelle.

Gœthe, dans son roman, *Les affinités électives*, a en vue cette affinité morbide, quand il nous montre une fille sujette à des crises de somnambulisme, et à des céphalées localisées, et douée d'une sensibilité métallique spéciale, qui finit par se suicider, après s'être fait rechercher par trois personnages, parmi lesquels, un, plus exalté, meurt de son amour. M. le Dr Féré a signalé d'ailleurs cet exemple.

Mais cette attraction des semblables par les semblables est-elle le propre des dégénérés ?

Non, cette aimantation existe aussi chez les sujets normaux ; Hermann Foll, dans une conférence à la *Société de médecine de Nice,* 1891, était arrivé, d'après un grand nombre de photographies qu'on lui avait mises sous les yeux, à dire « que les couples s'unissent suivant la règle des conformités, et non pas suivant celle des contrastes » ; en d'autres termes, dans l'immense majorité des mariages où l'inclinaison joue un rôle, les conjoints se recherchent et se plaisent, en raison des traits qu'ils ont en commun, et non pas en raison de leur dissemblance ; il explique de cette façon, que la ressemblance entre époux âgés n'est pas un fait acquis par suite de la vie conjugale, puisque cette ressemblance existe déjà au moment du mariage, à peu près dans les mêmes proportions que dans les vieux ménages, présentant ce qu'on dénomme : l'air de famille.

Ce phénomène d'attraction entre individus présentant des caractères absolument semblables, se produit donc et chez les êtres normaux et chez les tarés ; mais dans ce dernier cas, son importance est bien autre, car on sait que l'union entre dégénérés aboutit, à une époque plus ou moins éloignée, à la stérilité : il se fait là une véritable sélection naturelle, qui sacrifie ceux qui ne possèdent pas les moyens d'adaptation.

On a essayé de réunir en différents tableaux les causes de dégénérescence ; si nous nous en rapportons au traité magistral de Morel, nous aurons des volumes à consacrer à cet examen : la pathologie entière serait à passer en revue.

Dally, dans le *Dictionnaire encyclopédique de* DECHAMBRE, l'établit de la façon suivante :

Causes pathologiques. — Syphilis, tuberculose, cancer, lèpre, paludisme, goitre.

Causes toxiques. — Tabac, opium, alcool, chanvre, alimentation, pellagre, ergotisme, plomb, arsenic.

Causes géographiques et climatériques. — Non acclimatement, froid, chaleur, humidité, altitude.

Causes sociologiques. — Professions, croisements eth-
niques, sélection militaire, agglomération urbaine, stérilité
ethnique.

Il est évident, et cela d'après ce que nous avons donné comme
cachet de la dégénérescence, que chacune de ces causes,
sous des influences diverses, conduit au terme final : la stérilité. Ce sont des étapes différentes pour arriver au même but.

Nous réduirons leur nombre qui a cependant, de nos jours,
de la tendance à augmenter : nous les réduirons d'une manière
plus étroite, en les fusionnant ; nous les envisagerons d'une
façon plus générale. Un terme unique nous servira pour les
désigner : ce sont les *diathèses*, et nous donnerons de ce mot
la définition de M. Hallopeau dans sa *Pathologie générale* :
« Les diathèses sont des modifications du type physiologique,
ayant pour effet de diminuer la résistance de l'organisme
contre certaines affections, et d'imprimer à ses réactions une
physionomie spéciale. »

La diathèse est donc une prédisposition : son étymologie
l'indique ; prédisposition qui se lègue aux descendants et
dont l'hérédité, double, bilatérale, c'est-à-dire et du côté du
père et du côté de la mère, par sa convergence, ne fait
qu'accentuer la gravité de son pronostic : sa traduction chez
les descendants, c'est la stérilité.

Ces diathèses, d'après M. Hallopeau, sont au nombre de
trois : la scrofule, l'arthritisme, l'herpétisme. D'après M. le professeur Bouchard, il n'y a que deux diathèses : l'arthritisme
et la scrofule. Quant à M. Lancereaux, il admet également
deux diathèses, mais il appelle herpétisme la réunion de toutes
les manifestations que M. Bouchard appelle arthritisme.

Le fait qui ressort d'une façon indéniable de tout cela,
c'est la parenté entre ces diathèses : les fils de goutteux, de
diabétiques, c'est-à-dire des arthritiques ou des herpétiques

typiques, sont souvent scrofuleux ; les enfants des arthritiques sont prédisposés, pendant leurs premières années, aux
mêmes manifestations que des scrofuleux, fils de scrofuleux,
et inversement.

Le point de contact de ces diathèses, des dégénérescences,
nous l'avons déjà dit, c'est la moindre résistance des sujets :
les dégénérés sont des individus en état d'infériorité pour la
lutte contre les maladies, et de là dans l'impossibilité d'avoir
une génération, ou, si celle-ci existe, par l'hérédité accumulée, la chute de la race sera accélérée.

Nous allons passer maintenant à l'étude de ce facteur si
important de dégénérescence : l'hérédité convergente et
accumulée.

CHAPITRE II

Du rôle de l'hérédité comme facteur de dégénérescence.

> « L'individu n'est point isolé ; c'est un chaî-
> non entre un passé qui l a fa t ce qu'il est, et
> un futur sur lequel il influe pour sa part : heu-
> reux ceux qui ont en don de naissance une
> constitution solide ! Malheureux ceux pour qui
> l'héritage de la chair et du sang est malédicté ».
>
> (LITTRÉ.)

Nous venons de voir que les dégénérés, en face des nécessités de l'existence auxquelles ils ne peuvent s'adapter, et qu'ils
sont impuissants à surmonter, sont toujours vaincus d'avance
dans le combat de la vie, et sont prédestinés à succomber.

Or, c'est surtout par l'accumulation de l'hérédité, perpétuée
pendant plusieurs générations, que s'éteignent les familles où
l'on relève les causes de dégénérescence. L'hérédité est donc
le facteur indispensable, qui transmet les altérations orga-
niques et fonctionnelles d'un individu à ses descendants.

On ne saurait méconnaître l'importance capitale de cette
loi, loi complexe s'il en est, et dont la complexité engendre
des singularités remarquables : la sélection naturelle ne va
pas sans elle, pour expliquer la marche progressive des
dégénérescence de l'espèce humaine.

Pour donner une définition de l'hérédité, on n'a que l'embarras du choix : on l'a dénommée « la mémoire de l'espèce » ; on
a dit que c'était une loi biologique, dans laquelle tous les êtres
vivants tendent à se répéter dans leurs descendants ; un lien

secret rattachant ces derniers à leurs ascendants, et faisant
que ceux-là reproduisent ceux-ci dans le degré de fidélité,
que permet la complexité des circonstances.

M. Dejerine, dans sa thèse d'agrégation sur *l'hérédité
dans les maladies du système nerveux*, dit : « qu'elle ne
consiste point en la seule transmission des caractères extérieurs
de l'individu, des caractères morphologiques en un mot ; elle
comprend, dans son ensemble, la conformation interne de
l'être organisé, aussi bien que sa conformation externe : elle
comprend en outre la transmission des propriétés des tissus et
des systèmes : en un mot, l'hérédité régit toutes les formes de
l'activité vitale ».

Nous arrêterons là : c'est suffisant pour nous donner une
idée exacte de ce qu'est cette loi biologique, et surtout de son
importance.

La reproduction caractérise, plus que toutes les autres
fonctions, les organismes, en regard des corps inorganiques :
or, c'est par l'hérédité, que nous considérons comme un
phénomène nécessaire de cette reproduction, qu'est possible
la conservation des espèces, qui persistent dans la suite des
générations ; en médecine, elle devient un des facteurs patho-
géniques les plus importants : dans toutes les maladies, elle
trouve sa place, même dans celles où elle est si effacée, qu'elle
semble qu'on puisse la passer sous silence ; elle présente ce
caractère particulier de s'adjoindre, de génération en génération, des éléments nouveaux, ne se bornant donc pas
seulement à la reproduction du semblable par le semblable.

De tout temps on a admis son importance, et ce n'a pas
toujours été sans un certain sentiment de curiosité : Montaigne, dans ses *Essais*, nous dit : « Quelle monstre est-ce
« que cette goutte de semence, de quoy nous sommes pro-
« duicts, porte en soi les impressions, non de la forme corpo-

« relle seulement, mais des pensements et des inclinations de
« nos pères. »

Il faut reconnaitre que, bien souvent, on se trouve entraîné
à abuser de l'hérédité en pathogénie. A chaque instant on a
recours à elle pour se tirer d'embarras : c'est parfois un
aveu complet de notre ignorance.

A supposer l'hérédité ayant une influence considérable, ne
trouverait-on pas dans les conditions de la vie, les habitudes,
les exemples, l'éducation, les besoins, des facteurs suffisants
pour obtenir la clef de bien des problèmes pathologiques ?
Représentez-vous un enfant dont la famille est entachée de
tares héréditaires plus ou moins accentuées ; enlevez-le du
milieu malade dans lequel il devrait vivre ; il y a quelques
chances pour que les soins, les bons conseils, l'hygiène
aidant, il ne paye qu'un mince tribut aux tares ancestrales :
c'est plus consolant et d'un grand secours au point de vue
des conséquences, car si on envisage l'hérédité comme une
loi aussi impérieuse, on tombe dans un fatalisme dangereux.
Heureusement que, comme pour toutes les lois en général,
l'hérédité, tout en étant la loi, la règle comporte encore assez
souvent des exceptions.

Nous nous efforcerons de conserver un juste milieu. Toute
justice rendue, considérons l'hérédité comme un facteur, mais
le plus puissant, dans les causes nombreuses des infirmités qui
nous affligent : pour ce motif, elle doit retenir notre attention.

Dans l'antiquité, ce sont les préjugés qui dominent dans
l'étiologie des maladies ; plus tard, c'est l'astrologie, la sor-
cellerie qui les expliquent ; peu à peu, la pathogénie est de
mieux en mieux étudiée et l'hérédité apparait, l'accaparant
presque tout entière.

Nombreuses et fréquemment exposées sont les théories de
l'hérédité.

Avec M. Toulouse, nous les résumerons sous deux chefs :

1° *Explication de l'hérédité par une transmission de mouvements ;*

2° *Explication de l'hérédité par une transmission de substance.*

« Au premier groupe appartiennent les théories de His, Pflüger, Hæckel, qui pensent que la ressemblance des descendants est surtout due à ce fait que les molécules ont la même tendance à se grouper chez eux comme elles l'étaient chez leurs ancêtres. C'est Darwin qui a répandu la théorie de la pangenèse, d'après laquelle chaque organisme formerait des gemmules pouvant les reproduire, et allant se placer dans les cellules sexuelles. Issus d'organes qui se modifient pendant la vie, ils peuvent donc transmettre aux descendants les caractères acquis par l'individu.

Au deuxième groupe appartient la théorie de Weismann : l'hérédité s'opère par la transmission d'éléments très petits, les déterminants, qui eux-mêmes contiendraient des biophores ou unités vitales : chaque biophore aurait une des propriétés qui caractérisent une variété de cellule ; un groupe de ces petits corps formerait un déterminant qui donnerait à la cellule son type spécial : la lutte pour la vie assurerait le triomphe aux déterminants les plus forts ; la variété des types serait provoquée par le mélange des déterminants fournis par chaque générateur. »

Il ajoute « que chaque embryon possède un plasma contemporain de l'individu qui les porte et qui n'est pas son produit ; le rejeton ne peut donc pas hériter de ses parents » (Toulouse).

L'hérédité est régie par des lois qui s'expliquent relativement assez bien ; en effet, l'enfant est formé de la substance de ses parents ; le père fournit la substance fécondante, c'est la conception ; la mère fournit la substance organisatrice, c'est la gestation. Tant que le petit être n'apparaîtra pas au monde extérieur (ce sera la naissance), il n'aura aucune individualité ; il sera très naturel qu'il présente des ressemblances avec les géniteurs ; l'hérédité, jusque-là, est pure, sans mélange ; mais dès que l'enfant est né, il se trouve soumis à certaines causes : le monde extérieur influe sur lui et fait ressortir les divergences qu'il présente avec ses ancêtres, d'où deux sortes d'hérédité :

1° La première, ou hérédité organique ;

2° La seconde, ou hérédité acquise.

1° Les lois de l'hérédité organique, quoique n'étant pas mathématiques, sont néanmoins d'un utile secours, pour comprendre les ressemblances entre individus d'une même famille ; on les a rangées sous plusieurs chefs :

α. *L'hérédité est directe ou immédiate.*

Elle s'exerce des générateurs à leurs enfants : elle peut être physique, c'est-à-dire rappeler la constitution externe de la race, exercer son influence dans la reproduction des traits du visage, du corps, dans la longévité ou la brièveté de la vie, atteindre les sens, la vue, l'ouïe, l'odorat, le toucher ;

Elle peut aussi être intellectuelle ou morale ; dans tous ces cas, ainsi que dans ceux qui suivront, nous pourrions citer des exemples à l'infini : l'histoire est le grand livre que l'on peut feuilleter ; nous ne saurions mieux faire que de renvoyer aux traités de Vallet, Galton, Ribot, etc., etc. ;

β. *L'hérédité est uni ou bilatérale*, selon qu'elle manifeste l'influence d'un seul ou des deux facteurs : dans le premier cas, elle est dite croisée ;

γ. *L'hérédité est médiate, ou atavisme,* quand elle saute une ou plusieurs générations ;

δ. *L'hérédité est collatérale*, quand elle se transmet de l'oncle au neveu, d'un cousin, ou d'un frère, à un autre ;

ε. *L'hérédité est homochrone*, quand elle se manifeste à une même période de la vie;

η. *L'hérédité est similaire ou dissemblable*, selon que les caractères ou les maladies sont les mêmes que ceux observés chez les ancêtres;

θ. *L'hérédité est progressive ou régressive*, si elle tend à aboutir à la dégénérescence d'une race, ou à disparaître au contraire d'une famille;

L'hérédité peut encore être lente, anticipée, accumulée, si plusieurs ascendants ont été atteints.

Plus intéressante est l'hérédité par empreinte, par imprégnation, par influence, télégonie; cette dernière loi demande à être développée; c'est le cas d'une femme veuve qui se remarie et a de son deuxième mari, un enfant ressemblant à son premier mari. Les anciens avaient été déjà frappés par ces faits : il courait sur ce point un adage vulgaire : *filium ex adultera excusare matrem a culpa;* ils mettaient cela sur le compte d'une préoccupation de la mère au moment du coït, ou la peur d'une surprise, en flagrant délit d'adultère, quand ce cas se présentait.

Cette hérédité par imprégnation peut très bien s'expliquer ainsi : avec M. Le Dantec, nous admettrons que, par le fait de la gestation, la mère, par l'intermédiaire du fœtus, acquiert dans ses tissus quelques-uns des caractères de la race du père, et qui restent chez elles morphologiquement latents : donc influence du fœtus sur la mère; après l'accouchement, cette imprégnation ne disparaît pas complètement, et, à une nouvelle grossesse, elle modifiera les conditions et les rendra plus semblables à celles de la grossesse précédente; d'après ces raisons de corrélation, si l'on pouvait faire développer dans l'utérus d'une femme donnée, un œuf fécondé provenant d'une autre femme, le rejeton devrait tenir, par la nutrition, des caractères de la première, et des caractères de la dernière, par l'hérédité : les récentes expériences de Heape ont donné une confirmation de cette hypothèse.

Il était nécessaire que nous nous arrêtions sur le chapitre important de l'hérédité ; c'est, en quelque sorte, le mode d'action que possède la sélection naturelle ; en outre, l'exposé de ses lois nous permet de rassembler dans un même groupe des faits d'apparence très disparates, sans qu'il soit obligatoire d'invoquer la loi dite d'*innéité*, à laquelle se rattache le nom de Prosper Lucas. Cet auteur l'oppose à la loi de l'hérédité : or, ainsi que l'a établi M. Mathias Duval, dans son livre sur le darwinisme, la loi de l'hérédité suffit pour expliquer les nombreuses variations individuelles qui se présentent à côté des caractères spécifiques des êtres organisés.

En effet, ces variations sont presque toujours le résultat des influences du milieu dans lequel a vécu le sujet, ou même des conditions extérieures qui ont présidé à son développement avant sa naissance.

M. Dareste a montré la possibilité de modifier par des causes physiques extérieures l'évolution d'un germe fécondé : il est ainsi arrivé à produire des monstruosités ; or, entre celles-ci et de simples déviations du type spécifique, il n'y a que des différences de degrés ; ces études ont été reprises avec soin par M. Féré.

La loi d'hérédité reste donc seule debout et suffit à expliquer pourquoi : par exemple, dans une même famille, certains enfants présentent des tares alors que d'autres n'en ont pas.

Nous n'avons parlé jusqu'ici que de l'hérédité physiologique ou normale : il y a aussi l'hérédité pathologique ou morbide. Si l'on hérite de la santé et des qualités de ses ancêtres, on doit hériter de leurs maladies, de leurs défauts.

Rappelons-nous, en effet, que la cellule primitive, spermatozoïde ou ovule, possède certaines qualités dynamiques, physiques ou chimiques ; or, l'économie n'est qu'un ensemble d'organites, provenant tous des divisions successives de la cellule première ; il en résulte que ces cellules auront les propriétés du spermatozoïde ou de l'ovule ; elles auront les mêmes échanges nutritifs et, vis-à-vis des microbes, elles auront les mêmes résistances, il est vrai, mais aussi les mêmes faiblesses : c'est assez naturel puisqu'elles ne sont, en définitive, pas autre chose qu'une parcelle des générateurs.

Cette hérédité morbide existe donc, comme l'hérédité normale ; mais elle est bien plus désastreuse en ses conséquences : l'influence y est aussi bilatérale ; l'appoint paternel diminué ou augmenté par l'appoint maternel, ou inversement. Elle est homœomorphe, si l'hérédité suscite chez l'enfant une altération identique à celle de ses parents ; elle est hétéromorphe, s'il y a divergence dans la forme : c'est une hérédité déformée.

Nous touchons là à un point délicat de la question. Reçoit-on de son père le germe spécifique, ou le terrain propre à son développement ? La clinique, l'anatomie pathologique, l'expérimentation, nous montrent qu'il y a moins fréquemment hérédité de la maladie que de la prédisposition ; chaque jour augmente la notion de l'importance du terrain ; les recherches scientifiques ne nous ont-elles pas enseigné que tous nous hébergeons des microbes dans nos cavités nasales, auriculaires, buccales, sans que pour cela tous nous soyons atteints : il faut que nos hôtes soient, d'une part doués d'une certaine virulence et, d'autre part, surtout, qu'ils trouvent un terrain propre à faciliter leur évolution.

Transportant cette question dans le domaine des dégénérescences, nous dirons que, rarement, il y a transmission de l'état pathologique : il y a plutôt absence des caractères biologiques normaux. Les rejetons ne ressemblent plus à leurs ancêtres, mais ils se ressemblent entre eux par leurs malformations anatomiques et leurs troubles fonctionnels ; c'est en cela qu'ils forment une famille, le groupe des dégénérés, et c'est à titre d'états de dégénérescence que la tuberculose, la syphilis, la névropathie se trouvent diversement combinées dans les familles et dans certaines conditions ; leurs manifestations se transforment ou s'excitent réciproquement. Toute dégénérescence peut donc se transmettre héréditairement sous une autre forme, toujours dégénérative, de préférence, il est vrai, sous une forme connexe ; c'est ainsi que certaines formes s'associent plus volontiers dans les familles : goutteux, diabète et obésité, folie et hystérie, rhumatisme et lithiases. Ce qui frappe, c'est la variété des formes dans lesquelles la dégénérescence décime les familles ; on est arrivé à admettre que toutes ces manifestations si différentes peuvent résulter d'une cause commune et que le seul facteur capable d'amener des troubles aussi profonds, et surtout aussi divers, doit résider dans une altération du système nerveux.

2° **Les lois de l'hérédité des caractères acquis** sont plus discutées.

Cette hérédité, admise par Lamarck, est repoussée par Weismann et Galton qui, par suite, en sont amenés à nier l'hérédité des maladies, ce qui est un dogme médical.

En faveur de la théorie de Lamarck, nous devons rappeler les expériences de Brown-Séquard sur la transmission héréditaire de l'épilepsie provoquée chez les cobayes, du ptosis par section du sympathique cervical, celles de M. Phisalix (1892), qui a fait voir que des malformations légères imprimées à un microbe (le bacille du charbon) peuvent devenir permanentes au bout d'un certain nombre de générations, c'est-à-dire dans des conditions où il y a accumulation des influences héréditaires. M. Charrin a même montré la transmission héréditaire de l'immunité, d'ailleurs généralement peu durable.

Mais alors les partisans de Weismann demandent pourquoi le prépuce des jeunes juifs, la perforation du lobule de l'oreille, l'hymen des vierges, le testicule retranché comme superflu chez les Hottentots, pourquoi toutes ces lésions ne se transmettent pas aux descendants.

De tout cela on peut déduire qu'une mutilation subie par le père ne se transmet jamais à ses descendants, si elle demeure à l'état d'affection locale, ne produisant aucune modification générale dans l'organisme; c'est ainsi que certaines lésions accidentelles déterminent dans l'organisme une action perturbatrice d'un caractère assez général pour se retrouver chez les descendants.

Nous en avons fini là avec notre étude sur l'hérédité; on avouera qu'un facteur aussi puissant entrera pour beaucoup en ligne de compte dans le phénomène de la dégénérescence, car si elle est capable de transmettre toute amélioration physique, intellectuelle ou morale, elle est capable aussi de transmettre toute détérioration de même nature.

On peut donc dire que la sélection naturelle, sans l'hérédité, ne peut expliquer la bizarrerie de son action dans la généalogie des familles, dont nous donnerons plus loin les tableaux ; en effet, c'est parce qu'ils ont hérité de leurs ancêtres de tares nombreuses et diverses que les dégénérés s'attireront entre eux, et toutes ces hérédités convergeant, la somme des tares devient telle que la génération finira par s'éteindre par stérilité.

Cette convergence de l'hérédité se trouve favorisée par la *consanguinité*.

On a dit que ces unions donnaient le plus grand nombre d'idiots, d'épileptiques, de scrofuleux, de rachitiques et de sourds-muets ; Devay et Rilliet leur ont attribué les pires maléfices. On sait que ces alliances sont celles qui ont lieu entre les membres quelconques de la descendance directe et aussi entre frères et sœurs. Chez les peuples de l'antiquité, on relève à chaque instant de ces unions : de nos jours, on peut voir encore les juifs se marier entre eux.

Pourquoi naîtraient-ils des individus tarés, si les parents des conjoints sont sains et ont eu également leurs ancêtres dans un excellent état de santé ?

Tout ce qui a été mis sur le compte de la consanguinité, c'est dû simplement à l'hérédité : on a confondu l'hérédité morbide accumulée avec la consanguinité ; comme l'a très bien défini Eug. Gayot, « la consanguinité, c'est la loi d'hérédité agissant à puissance accumulée, ainsi que deux forces parallèles appliquées dans le même sens ».

Les lois civiles et religieuses ont interdit ces unions non par hygiene, mais par morale ; les législations ont cherché seulement à couper court aux trop faciles promiscuités des gens d'une même maison : il n'y a pas là à faire intervenir *l'horreur du sang pour lui-même*, c'est un sentiment purement artificiel, dont on est redevable à la civilisation.

Une observation tirée du mémoire de MM. Bourneville et Séglas (dans les *Archives de neurologie*, 1885) sur les familles d'idiots, nous montre une union consanguine dont les produits sont décimés par les dégénérescences ; la part importante de l'hérédité explique suffisamment les ravages dans cette famille.

Famille Gui.....

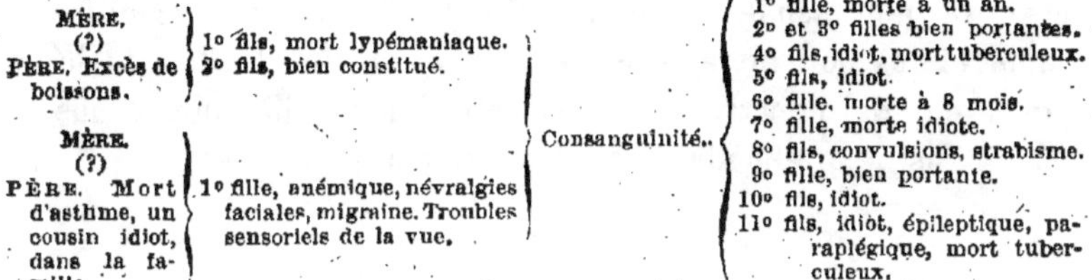

Est-il réellement besoin d'invoquer la consanguinité ? La double hérédité ne suffit-elle pas ? N'est-elle pas là la cause beaucoup plus active et plus certaine ?

Une observation de Rodriguez Mendez, parue dans la *Independencia medica* (Barcelone, 21 avril 1886), nous montre encore le peu d'importance de la question de la consanguinité en elle-même.

Nous voulons bien admettre la consanguinité comme intervenant en accumulant l'intensité, la dose de l'hérédité, mais il y a lieu de penser que si les parents étaient bien conformés, bien portants, les produits seraient parfaits.

C'est ainsi que le Dr Alfred Bourgeois, qui a étudié cette question de la consanguinité, nous rapporte l'histoire de sa propre famille, composée de 416 membres, issus d'un couple de cousins germains dont l'alliance remonte à 130 ans.

De tout ce qui précède, il résulte que le médecin consulté pour un mariage de ce genre devra s'assurer de l'état de santé de la famille, et si les antécédents sont bons, il n'y aura aucune crainte à avoir : il serait souvent préférable d'épouser sa parente qu'une étrangère sur la famille de laquelle on n'aurait aucun renseignement médical, ou de mauvais.

En résumé, consanguinité saine, hérédité parfaite. Consanguinité maladive, hérédité accumulée.

Possédant bien les lois de l'hérédité et des dégénérescences, nous allons pouvoir aborder avec fruit et plus facilement la question de l'œuvre de la sélection naturelle, dont nous devinons déjà le mode d'action et les conséquences.

CHAPITRE III

La sélection naturelle.

Qu'est-ce donc que la sélection naturelle dont nous parlons
à tout moment, et qui est le fond de notre travail ?

Nous empruntons cette expression à la théorie darwinienne,
pour la porter dans la sphère de la pathologie générale.

D'abord le mot sélection, par lui-même, que veut-il dire ?
Il signifie choix, triage avec examen ; faire de la sélection,
c'est faire un tri : il dérive du mot latin *selectio*, venant lui-
même du verbe *seligere ;* en français, nous en avons fait le
terme « élection », par la chute de l'*s* ; en anglais, le mot s'est
conservé intact, et il y a quelques années, le terme de *sélection* nous est revenu.

La sélection naturelle n'est donc rien autre chose qu'un
tri que la nature fait parmi les êtres, puisqu'elle ne conserve
que les plus forts et condamne les autres, qui représentent
les échantillons inférieurs de l'espèce, à une mort inévitable.

Cette explication toute mécanique de certains phénomènes
rappelle tout un système d'amélioration des animaux mis en
pratique dans l'élevage, ou des plantes dans l'horticulture.

Il consiste à étendre et à fixer dans une race les qualités
et les aptitudes qui s'y produisent par l'accouplement de

sujets présentant ces aptitudes et ces qualités au plus haut degré ; ce qui domine, c'est le choix des reproducteurs. Soit l'exemple suivant : dans une portée de jeunes chiens ou de jeunes chats, on en choisit un ou deux parmi les plus beaux, les plus robustes ; on les laisse vivre et multiplier et on se débarrasse des autres ; eh bien ! c'est faire de la sélection, mais de la sélection *artificielle*.

En regard de cette sélection artificielle qui a lieu dans l'industrie, dans l'élevage, il y a, dans la nature et hors de l'intervention perturbatrice de l'homme, une autre sélection, due, celle-là, aux seules conditions d'existence : ici l'éleveur, c'est la nature ; plus habile que lui, plus perspicace, elle arrête au passage les produits mauvais qui ne pourraient concourir à l'amélioration de la race ; c'est là la *sélection naturelle* ; elle s'opère grâce au combat pour la vie (*struggle for life*), dans lequel succombent les faibles, chassés ou détruits par les plus vigoureux, par les mieux doués : c'est la survivance du plus apte.

Cette lutte pour l'existence se fait perpétuellement, sous nos yeux, d'une façon lente, il est vrai, mais continue et tenace : c'est une lutte de tous les jours, de toutes les heures, et qui devient un des modes les plus efficaces de progrès : les plus nobles facultés de l'homme ne sont-elles pas perfectionnées et fortifiées par la lutte et l'effort ? C'est en essayant, sans cesse, d'avoir l'avantage que l'homme atteindra cette perfection physique, morale, ou intellectuelle ; s'il s'arrête un seul instant, il sera dépassé et remplacé par un autre : de ce fait, il perdra son droit à l'existence.

A dire vrai, nous éprouvons quelque gêne à admettre que tout autour de nous se meut, se modifie, se métamorphose, sans que nous y intervenions, et cela parce que toutes ces modifications ne se produisent pas d'une manière assez rapide pour amener des effets visibles sur-le-champ : « Notre opiniâtreté naïve égale souvent celle de la rose dont parle Fontenelle, et qui disait que de mémoire de rose, on n'avait jamais vu mourir un jardinier (Vianna, de Lima) » : pour elle, le jardinier était un être impérissable, une forme qui ne saurait varier.

Et cependant, bien que tout sur la terre paraisse calme, paisible, en harmonie, en beauté, tout lutte au contraire : c'est une guerre sourde, cruelle peut-être ; mais elle n'en existe pas moins, et implacable : la vie est à ceux qui triomphent ; la sélection naturelle poursuit son œuvre : l'élimination est constante.

Grâce à elle, l'équilibre est maintenu d'une façon permanente sur le globe ; le nombre des individus détruits est énorme, par rapport à celui des individus conservés : les poissons, les rats, en sont des exemples ; leur fécondité est extrême, et cependant il ne survit guère que quelques couples reproducteurs. La nature, à l'instar des éleveurs, supprime dans chaque espèce un grand nombre d'individus, et ce sont les plus aptes qui ont le plus de chances de résister aux hasards malheureux et de perpétuer l'espèce.

Par cette loi qui nous fait voir la nature aveugle et cruelle, alors qu'elle doit nous apparaître, comme dit Vianna (de Lima), « sarcleuse intelligente, arrivant lentement et sourdement à produire l'utile » ; par cette loi, les individus que leur structure met en état de subir sans succomber les conditions nouvelles, au milieu desquelles ils sont forcés de vivre avec leurs congénères, l'emportent sur les autres, qui périssent faute de pouvoir s'adapter, et de laisser une postérité durable.

Cet avantage immense, qui assure la survie de tel ou tel individu tandis que celui qui ne le possède pas a péri, se fixe par l'hérédité, et s'accentue par la sélection, les moins doués succombant à chaque génération.

En effet, les modifications, les particularités individuelles, le plus souvent insignifiantes d'abord, ont néanmoins déjà suffi pour assurer un avantage quelconque, si minime qu'il soit, à celui qui les possédait : elles l'ont rendu plus apte à résister, à vivre. Par ce fait qu'il a pu évoluer et ne pas succomber, il a eu la possibilité d'avoir une postérité parfois nombreuse : d'où il résulte que ces transformations, qui ont fait la force de l'individu, auront, par là même, plus de chance de se conserver et de se perpétuer ; elles seront transmises ainsi par l'hérédité à un nombre toujours plus grand de descendants : on devine donc que la sélection naturelle, continuant son action sur les générations successives, si les conditions du milieu ne changent pas, arrivera à créer des types nouveaux, de plus en plus tranchés, de véritables espèces distinctes, il est vrai : mais celles-ci auront précisément, comme qualités spécifiques accusées et stables, les caractères qui avaient assuré la survivance de la forme organique ancestrale.

Tout ce qui aura été mauvais, défectueux, nuisible pour la conservation de l'individu, se trouvera écarté, diminué, aura disparu ; seules, subsisteront les conditions et les moyens nécessaires pour sa survivance.

Il en résulte que si on laissait agir la nature dans sa sélection, on arriverait à un degré de perfection, qu'il n'est guère possible à l'homme d'atteindre, même dans des limites raisonnables, que dans un temps si éloigné de nous, qu'il y aurait de quoi décourager les plus entreprenants : l'élimination définitive du banquet de la vie, pour les faibles, se ferait fatalement, sûrement, sans violence perceptible d'ailleurs ; ne pouvant s'assimiler, les individus inférieurs succomberaient promptement, victimes de leur impuissance même ; comme le dit Lucrèce : « c'est par les propres vertus dont ils sont doués » que les êtres survivent et triomphent. La nature veut partout la libre concurrence : la victoire du plus fort.

Mais cette sélection naturelle se trouve entravée, retardée par les exigences de la société, où vit l'homme civilisé ; ici, en effet, sont édictées des lois, dont le protectionnisme a été regardé comme insensé et funeste, par des esprits un peu trop aventureux et hardis, pensons-nous.

C'est que, vivant dans une association d'individus, dont certains membres étaient appelés à disparaître fatalement, par défaut de moyens d'adaptation au milieu, l'homme s'est plu à conserver des êtres inaptes, en quelque sorte des non-valeurs, des impuissants à se maintenir d'eux-mêmes. Nous voulons faire allusion à cette variété de sélection à rebours signalée déjà par Hæckel :

Dans un cas, elle est expliquée par les nécessités du milieu où nous vivons : *c'est la sélection militaire.*

Dans un autre, elle trouve sa raison dans les sentiments de pitié et de charité, qui nous portent à secourir les faibles, les malades : *c'est la sélection médicale.*

On a constaté en effet, pour la première, que, outre les causes de contamination forcée (syphilis, alcoolisme, tuberculose) auxquelles ils sont soumis, de par leur agglomération, et malgré les précautions prises, les individus forts, bien constitués, étaient appelés à périr au feu ou à la caserne, alors que les malingres, restés dans les foyers, avaient plus de chances de se marier, et de faire souche d'êtres plus ou moins frappés de stigmates de dégénérescence.

C'est ainsi, d'après les statistiques, que, à la suite de la malheureuse guerre de 1870-71, un grand nombre de jeunes gens, et des plus valides, des deux pays, ayant disparu, on vit se succéder, dans la suite, des générations beaucoup plus débiles, et de corps et d'esprit, en moyenne, que celles qui les avaient précédées; les contingents militaires de 1891, 1892, 1893 furent remarqués par leur nombre moins élevé; et ces conscrits, que l'hérédité avait rendus impropres aux fatigues du service militaire, étaient des candidats à la phtisie, à l'hystérie, à la folie même. Déjà Tenon, en 1783, avait remarqué que « la guerre et surtout les longues guerres, font baisser la taille commune, par la consommation des hommes les plus hauts ».

Nous renvoyons, pour plus de détails à ce sujet, au très intéressant livre du docteur A. Bordier, *La Géographie médicale*, et aux mémoires de la *Société d'anthropologie*, relatifs à l'accroissement de la taille en France.

Dans le second cas, sourdement s'installe, contrariant la sélection naturelle, la sélection médicale; on l'a accusée de prolonger l'existence d'individus débiles, malades, leur permettant ainsi de se reproduire et de léguer à leur postérité le mal qui les a terrassés dans la suite; il est fait allusion surtout aux maladies lentes, chroniques, comme la phtisie, la syphilis, le cancer et les affections mentales. Ce sont ces maladies qui sont le plus héréditaires, passant des parents, parfois, à tous leurs enfants.

Nous ne pouvons nous arrêter plus longtemps sur l'influence de ces deux genres de sélection; les partisans acharnés de la sélection naturelle, dans l'ardeur aveugle de la discussion, leur ont attribué les pires méfaits. Il s'en est trouvé cependant, parmi eux, qui ont vu là un aide plutôt qu'un obstacle à cette sélection naturelle; on est assez surpris de trouver, dans cette occasion, des arguments à deux tranchants: ils ont, en effet, prétendu que ceux qui subsistaient, de la guerre ou

des maladies, étaient regardés comme des forts, ayant triomphé dans la lutte grâce à leurs moyens de défense ; ils
avaient été ainsi mis à l'épreuve : c'était une véritable pierre
de touche.

Tout cela nous paraît un peu subtil ; aussi nous contentons-
nous de signaler ces faits, en passant.

Par contre, la sélection naturelle trouve un puissant auxiliaire dans *la sélection sexuelle :* la nécessité des besoins génésiques donne en effet lieu à une active concurrence.

On ne peut méconnaître que le sentiment de la beauté
physique ou morale, fonctionnant librement, est la meilleure
garantie de la sélection sexuelle : les individus les mieux
doués seront les plus recherchés ; ils feront souche. Cette
sélection se continuera chez leurs descendants ; de cette
façon les caractères utiles, transmis par hérédité, s'accentueront, se développeront, et s'accumuleront graduellement à
travers toute une longue suite de générations successives ;
l'œuvre de l'hérédité convergente devient ici d'un précieux
concours.

Sans prendre, sur ce point, des exemples dans les mœurs
des animaux où Darwin et Wallace ont puisé, nous rapporterons un fait assez curieux signalé par Broca et tiré d'un
travail de M. John Beddoë, en Angleterre (1863) :

Ce dernier avait constaté que les cheveux blonds étaient
devenus, là-bas, moins communs qu'autrefois, les brunes
étant plus recherchées par les hommes que les blondes ; si
ce goût persistait pendant quelques générations, les blondes
deviendraient très rares.

Cette sorte de sélection, appelée par l'auteur *sélection
conjugale*, doit avoir lieu aussi bien pour les caractères physiques, intellectuels ou moraux ; d'où l'on voit toute l'influence
de la sélection sexuelle, comme aide à la sélection naturelle.

Mais il ne faut pas exagérer outre mesure son importance ; car, à l'inverse de la sélection naturelle, qui n'agit qu'en faveur des forts, la sélection sexuelle peut se rencontrer aussi bien chez les faibles, chez les dégénérés : il est vrai que chez ceux-ci, d'après les lois mêmes de la dégénérescence, la stérilité est le terme ultime de ces unions, de sorte que, en résumé, dans l'une et l'autre sélection, ce sont toujours les forts qui l'emportent ; c'est donc là un procédé indirect de sélection naturelle ; la disparition des êtres tares en est l'impitoyable conséquence.

La sélection naturelle nous apparaît alors comme une loi, et une loi excessivement rigoureuse, devant laquelle il n'y a pas de grâce ; bien des phénomènes lui doivent leur explication ; parfois nous n'en saisissons pas la portée ; nous ne sommes cependant pas en droit de repousser leur existence ; rien n'est abandonné au hasard, dans la nature, et Sénèque a eu raison de dire : « Fatum nihil est aliud quam series implexa causarum ».

Nous admettons donc l'existence de cette loi ; nous reconnaissons son action, et ses résultats ; comment expliquons-nous son travail tacite, mais réel néanmoins ; à première vue, il semble si extraordinaire, qu'on serait tenté de le nier.

Il nous semble cependant bien difficile de ne pas admettre l'influence de la sélection naturelle, dans les unions entre dégénérés, que nous montrent nos observations : Que, une fois, le fait se produise, on serait autorisé à le mettre sur le compte d'un pur hasard, d'une simple coïncidence ; mais quand cela se répète, et dans des circonstances variées, avouons qu'il doit y avoir un même motif, une même cause, pour produire les mêmes effets ; si c'était affaire de coïncidence, cela ne se produirait pas aussi souvent.

Que nous apprennent nos observations ? C'est que rien ne

favorise l'exécution de ces associations ; bien plus, la diversité des situations semble rendre cette affinité très difficile ; les chances de réussite lui sont en grande partie enlevées ; en effet, nous y voyons plusieurs points, qu'il est utile de mettre en relief.

Première preuve. — D'abord, nous sommes, dans presque toutes ces observations, en présence d'unions irrégulières. (Observations inédites, Dr Séglas : II, IV, V, VI, IX. — (Observation personnelle : XI).

Il n'y a pas à invoquer des raisons de famille, des mobiles d'intérêt ; les conditions de la vie sociale n'ont aucune action ; on ne peut rien incriminer pour expliquer que tel dégénéré se soit allié plutôt à tel autre : il avait la carte blanche, le champ libre ; c'est de lui-même, *inconsciemment*, qu'il se sent attiré vers son semblable. Il aurait pu aussi bien porter son choix sur un être dont les caractères eussent été opposés aux siens ; c'eût été pour ses descendants un moyen de salut, de régénération. Si cette union avait été dictée par les intérêts, par exemple, elle aurait moins de valeur explicative ; mais il n'en est rien : libre, le dégénéré a pris comme compagnon un autre dégénéré, libre aussi ; les caractères qu'il possédait, il les a trouvés chez l'autre ; il a vu en lui un semblable : *naturellement*, il s'est associé à lui ; et qui mieux est, toute autre union avec un individu n'ayant pas les mêmes tares, ou n'en possédant pas, lui eût semblé anormale : il n'a donc considéré en son congénère, que les malformations physiques, ou les défauts intellectuels et moraux ; il y a eu attraction par ce qu'il y avait de mauvais chez chacun d'eux, et non par ce qu'il y avait de bon, de sain.

Deuxième preuve. — Un même individu est conjoint à un autre, taré comme lui ; celui-ci vient à mourir, ou à le quitter (divorce) ; eh bien, notre dégénéré, s'il contracte une autre union (et généralement, plus que d'autres, ils se trouvent enclins à reprendre la vie à deux), choisira un individu ayant des tares aussi, le plus souvent les mêmes.

Que l'occasion se présente de recommencer à nouveau, il ne manquera pas d'obéir pour la troisième fois à cette loi aveugle qui le mène directement vers un dégénéré aussi, dont il aura les mêmes besoins, les mêmes habitudes, et dont les défauts sembleront être en harmonie avec les siens ; le normal et l'anormal ne vont pas ensemble ; il est, en effet, assez drôle que, parmi ces unions multiples, régulières ou non, on n'en trouve point ou très peu où ce sont les contrastes qui dominent et servent d'attraction. (Observation Cullere, I, et observations inédites du Dr Séglas, II, III, IV, IX.)

Enfin, troisième preuve. — Que ces dégénérés aient des descendants, ceux-ci agiront absolument comme leurs ascendants. Il sera facile de prévoir ce qu'ils vont faire ; leur ligne de conduite sera celle de leurs ancêtres : c'est dans un milieu taré comme le leur qu'ils iront chercher leur associé. Ils auront vécu de la vie de leurs parents, en auront épousé les idées, ressenti les besoins : c'est dans un clan analogue qu'ils iront ; et leurs enfants à leur tour feront presque sûrement de même, jusqu'au jour où les tares, aggravées par l'hérédité convergente, ne permettront plus à cette famille de se reproduire ; elle sera frappée de stérilité ; la société sera préservée par l'excès même du mal. Ne peut-on pas être frappé des caractères identiques de ces unions chez plusieurs membres de la même famille ? (Observation Cullere, I et observations inédites du Dr Séglas, VI, VII, IX, et observation Mathos, X).

Voilà donc trois faits curieux et très instructifs ; par leurs conditions différentes, ils semblent devoir prouver suffisamment l'influence indubitable de la sélection naturelle.

A supposer, que, comme on le dit par habitude sans s'efforcer de chercher la cause des choses, le hasard soit pour beaucoup dans la production de ces phénomènes, il faut reconnaître qu'il serait assez étrange et que la coïncidence serait bien fréquente pour admettre là l'œuvre de la Providence : cette explication n'en serait d'ailleurs pas une ; en outre, quand le hasard, les coïncidences ont des résultats semblables aussi souvent répétés, on est en devoir de n'y plus voir un simple effet de ces deux causes occultes et scientifiquement inadmissibles ; il y a autre chose derrière ce véritable aveu de notre ignorance ; que nous ne puissions pas toujours fournir l'explication, soit ; mais nous ne pouvons nous contenter de solutions vagues et aussi peu précises ; c'est le propre de la science de chercher à approfondir ce qui nous paraît incompréhensible, mystérieux ; eh bien ! nous pensons que dans la question qui nous occupe, nous avons toutes bonnes raisons d'admettre la sélection naturelle, comme la cause des phénomènes étranges que nous signalons. Une loi seule est capable de nous expliquer la répétition de faits semblables, dans des situations fort différentes, et malgré les influences du milieu social, où vit l'homme civilisé.

La sélection naturelle étant déterminée et admise, il nous reste à étudier quels sont ses moyens d'action.

On peut les ranger sous trois chefs, suivant qu'ils se rapportent :

Aux facteurs,

Au milieu,

Au produit et à ses aptitudes.

Tous trois ont leur importance ; loin de s'exclure, ils se complètent.

1° Sous le nom de **facteurs**, nous désignons les géniteurs, ceux qui ont engendré, autrement dit les parents ; ils ont hérité de leurs ancêtres des tares qu'ils transmettront à leurs descendants. Sous l'influence d'un triage précédent, d'une sélection antérieure les concernant, ils ont obéi à la loi commune et ont contracté une union malsaine, où dégénérés d'un côté et dégénérés de l'autre côté se sont donné la main.

Isolés, ils se sont recherchés et se sont trouvés ; s'ils ont agi librement, ils n'ont pas essayé de revivifier le sang gâté par une union plus saine. C'est en raison de cette affinité particulière dont ils jouissent les uns pour les autres que, à leur insu, ils se sont associés : ayant les mêmes besoins, les mêmes désirs et les mêmes défauts physiques, ils ne réagiront pas, ils ne feront même qu'augmenter le lot qui constitue leurs dégénérescences ; donc, hérédité bilatérale, hérédité convergente, dont le produit aura à supporter la charge.

2° Voilà donc un couple de géniteurs triés, placés en dehors de la voie biologique normale ; ils vont rechercher **un milieu** où ils pourront vivre ; écrasés par les forts, ils se rejetteront vers leurs semblables, et à leur tour ils élargiront ce milieu ou ils vont le créer.

Les conditions de leur existence, ils les remplissent à leur manière ; les exemples qu'ils donneront par leur conduite, par leur modus vivendi, ne contribueront pas pour peu à entretenir leurs produits dans la pente sur laquelle ils glissent eux-mêmes. Ce milieu corrompu dans lequel ils se tiennent confinés va favoriser toutes les circonstances de la vie qui excitent, au lieu de les étouffer, les tendances spéciales de leur organisation ; ce qui dominera, c'est *l'appétit du toxique*, c'est-à-dire de tout ce qui peut leur nuire, de tout ce qui peut les tuer, eux directement, ou leurs descendants.

3° Comment nous étonner alors de la **valeur des produits?** Organiquement, ils rappellent leurs parents : ils auront leurs vices de constitution, leurs malformations et physiques et morales ou intellectuelles ; certains même, avant-coureurs de la déchéance de la race, seront frappés d'arrêt de développement ; les tares iront en augmentant : elles seront plus marquées chez eux qu'elles ne le furent chez leurs ascendants ; il pourra même y avoir, dès le début, extinction partielle de la génération : quelques-uns de leurs membres ne pourront vivre et seront emportés dès leur naissance ou peu de temps après. Ceux qui subsisteront, vu les antécédents qu'ils tiendront de leurs père et mère et vu le milieu où ils auront grandi, ne pourront que ressembler à ces derniers et même, les tares s'accumulant, les dépasser dans leur degré d'infériorité pour la lutte dans la vie ; aussi, bien peu seront ceux qui auront la possibilité d'avoir une descendance, de sorte que, avec le temps, la sélection ayant fait son triage et l'hérédité convergeant, les dégénérescences iront en augmentant, et il arrivera un moment, souvent très proche, où cette race n'existera plus : elle sera éteinte, frappée de stérilité.

Cette disparition fatale d'individus tarés sera-t-elle un bien ? L'espèce évidemment y gagnera ; mais peut-on en conclure qu'il faille encourager ce travail cruel de la sélection naturelle ? Oui, mais indirectement, en faisant usage d'une sélection plus humaine, plus douce, et surtout préservatrice : ce sera la sélection artificielle.

La sélection naturelle unit les faibles pour activer leur chute.

La sélection artificielle préviendra celle-ci, en instruisant les faibles.

Ce point intéressant va faire maintenant l'objet de notre étude : ce sera la prophylaxie de la dégénérescence.

CHAPITRE IV

Prophylaxie.

« Le but de toutes les intrigues d'amour, que le résultat soit comique ou tragique, a réellement plus d'importance que tous les desseins que peut se proposer l'homme ; en effet, il ne s'agit rien moins que de la composition de la génération suivante : il ne s'agit pas ici du bonheur ou du malheur d'un individu ; mais c'est le bonheur ou le malheur de la race humaine qui est en jeu. »

(SCHOPENHAÜER.)

Il y a loin, en on conviendra, de cette profonde réflexion du philosophe allemand à la pratique suivie par la plupart des unions dans l'espèce humaine ; il est même assez curieux, si ce n'est triste, de voir combien l'homme est insouciant de sa propre espèce, et cela paraît d'autant plus bizarre et frappant qu'il met un soin tout particulier à croiser convenablement les plantes et les animaux : c'est avec la plus scrupuleuse attention qu'il étudie le caractère et la généalogie de ses chevaux, de ses chiens et de son bétail avant de les accoupler ; le voit-on prendre souvent cette précaution quand il se décide à se créer une famille ? Et, pour sa descendance, considère-t-il souvent dans quelles conditions physiques et psychiques il croisera ses enfants ? Il est déplorable de constater que c'est là le moindre de ses soucis.

Une telle indifférence pour un acte de si haute importance et de conséquences si grandes dans ses maléfices semble avoir toujours été le propre de l'homme : il ne s'est jamais préoccupé de la responsabilité effrayante qu'il encourait dans la procréation de son semblable !

Le poète grec Théognis, qui vivait 550 ans avant Jésus-Christ, déplorait déjà que des questions d'argent empêchassent si souvent le jeu naturel de la sélection sexuelle, d'après laquelle les beaux, les forts se recherchent et améliorent la race ; il s'exprime en ces termes :

« Quand il s'agit de porcs et de chevaux, ô Kurnus, nous appliquons les règles raisonnables ; nous cherchons à nous procurer, à tout prix, une race pure, sans vices ni défauts, et qui nous donne des produits sains et vigoureux ; dans les mariages que nous voyons tous les jours, il en est autrement : les hommes se marient pour l'argent ; le manant ou le brigand, qui a pu s'enrichir, peut marier ses enfants dans les plus nobles familles. »

« Ne vous étonnez donc plus, mon ami, que la race humaine dégénère de plus en plus au point de vue de la forme, de l'esprit et des mœurs ; la cause de cette dégénérescence est évidente ; mais c'est en vain que nous voudrions remonter le courant. »

On pourrait croire que cette page a été écrite hier ; on ne s'exprimerait pas autrement, en effet, à notre époque où les exigences de la vie accentuent encore le contraste que ne manque pas de signaler le poète grec.

Par contre, nous ne partagerons pas aussi complètement son pessimisme lorsqu'il prétend qu'il se trouve désarmé devant cette insouciance toujours grandissante de l'homme ; et c'est précisément le rôle du médecin d'établir les moyens d'enrayer, autant que possible, ce mouvement progressif.

Quelle que soit la difficulté d'une telle entreprise, la médecine bien loin d'être frappée d'impuissance, comme le prétendent certains de ses détracteurs, peut devenir pour la société un précieux moyen de salut.

C'est elle seule qui peut apprécier à leur juste valeur la nature des causes qui produisent les dégénérescences de l'espèce humaine et ses tristes conséquences ; c'est à elle qu'il appartient d'exposer les remèdes à employer.

A ce sujet, il nous paraît intéressant de passer en revue les différents procédés mis en usage pour sauvegarder la race humaine, à la fois :

Et chez les sauvages,

Et dans l'antiquité,

Et à l'époque où le darwinisme apparut,

Et de nos jours.

Ce qui nous frappera dans ce rapide aperçu, c'est l'entente unanime des sociétés ou des collections d'individus pour rejeter hors de leur sein les membres maladifs, ce qui n'a pas empêché que, de tout temps, on se soit plaint du résultat peu encourageant obtenu.

Quant aux moyens employés, il faut reconnaître qu'ils sont fort opposés quand on les considère aux différentes étapes de la civilisation.

1° **Chez les sauvages** fleurit l'âge d'or de la concurrence vitale ; ils ne font aucun effort pour arrêter la marche de l'élimination ; les idiots, les maladifs, les infirmes sont le plus souvent abandonnés à leur sort : point d'hôpitaux pour les recevoir, pas de lois pour venir en aide à ceux qui ont besoin.

En lutte perpétuelle les uns avec les autres pour se disputer la place et la nourriture, seuls, les plus favorisés, c'est-à-dire ceux qui naissent les plus forts, les mieux pourvus de moyens d'attaque ou de défense, d'aptitudes pour se dérober aux causes de destruction, ceux-là uniquement subsistent et se reproduisent ; il se fait là une sélection naturelle des forts aux dépens des faibles : c'est la lutte pour l'existence, c'est la survivance du plus apte, autrement dit la loi du plus fort, c'est-à-dire du plus avantagé dans le combat pour la vie.

La nature nous apparaît ici un peu comme une vilaine marâtre ; il n'y a pas de place pour tous sous l'astre éblouissant qui brille cependant pour tout le monde : la nature a ses préférés ; les idées de puissance et de justice sont confondues ; cette concurrence vitale rappelle assez le principe fameux que le chef gaulois Brennus mit un jour en circulation, après la prise de Rome :

« *Væ victis !* malheur aux vaincus ! »

2° **Dans l'antiquité**, nous voyons la société venir en aide aussi à la sélection naturelle et la favoriser.

A Sparte, Lycurgue, par ses mémorables lois, voulait que tous les enfants fussent examinés quelques jours après leur naissance : les infirmes, les malformés, étaient sacrifiés ; on ne laissait vivre que les mieux constitués, les plus vigoureux. Il voulait ainsi faire de la sélection raisonnée, car, les enfants débiles une fois devenus adultes, on ne pourrait les empêcher de se reproduire.

Il n'est pas besoin de montrer combien ces lois, établies cependant d'après des déductions logiques, étaient dures, et combien elles seraient pénibles à notre époque.

En outre, quand un enfant naît difforme, il est assez malaisé, le plus souvent, de dire ce qu'il sera plus tard ; s'il pourra ou non subvenir à ses besoins, si même il ne contribuera pas au bien-être commun.

Que d'homme chétifs et malingres ont fait la gloire de leur

pays ! On est ainsi amené à se rappeler particulièrement l'exemple de Tyrtée qui, né boiteux et ayant échappé aux noyades réglementaires de l'Eurotas, devait plus tard entretenir l'ardeur de la défense chez ses compatriotes par ses chants guerriers si enflammés.

3° **Avec le darwinisme**, nous trouvons encore les mêmes mesures excessives, employées pour venir en aide à la sélection naturelle.

Quelque temps auparavant, Malthus, effrayé par les conséquences des dégénérescences, avait exposé sa fameuse théorie qui souleva tant de reproches.

On a, je crois, beaucoup exagéré ce qu'il avait voulu dire ; et même on lui a prêté des idées qu'il n'avait certainement pas. Pour le justifier, nous ne saurions mieux faire que de rapporter les paroles de M. le professeur Hardy, à l'*Académie de médecine*, en 1885 :

« La doctrine de Malthus, dit-il, consiste à retarder le mariage jusqu'au jour où on a assez de richesses pour élever les enfants qui viendront ; par conséquent à contenir les passions par une contrainte morale jusqu'au jour où on croit sage de se marier. C'est le langage du véritable père de famille. Approuvé par J. B. Say, Dunoy, et Joseph Garnier, Malthus, après s'être justifié des reproches de vouloir détruire les sentiments de la charité, repousse avec autant d'énergie l'accusation d'immoralité qu'on adressait à sa théorie ; s'il soutenait que l'homme devait gouverner et limiter sa reproduction, il n'admettait pas qu'il fût loisible d'employer des moyens artificiels pour arriver à ce résultat. Selon lui, il fallait s'abstenir de tout commerce sexuel aussi longtemps qu'on ne possède point les moyens de pourvoir à l'entretien d'une famille ; mais du moment où l'on se marie, s'interdire toute limitation volontaire du nombre des enfants... Je repousserai toujours, dit Malthus, tout moyen artificiel et hors des lois de la nature, que l'on voudrait employer pour contenir la population, et comme un moyen immoral et comme tendant à supprimer un stimulant nécessaire pour exciter au travail. »

Malthus n'a donc rien écrit contre la morale ou contre la religion ; et les sages conseils qu'il donne ne peuvent qu'être regardés comme salutaires pour la prophylaxie des dégénérescences.

Darwin, de même, s'efforce de démontrer qu'on ne choisit pas avec assez d'attention certains individus des deux sexes pour les unir ; par nos lois, par la science, nous protégeons autant que possible la vie de chacun, de sorte que les membres débiles de nos sociétés civilisées peuvent se reproduire indéfiniment ; c'est nuisible pour la race humaine. Il constate toutefois qu'il existe un frein à la propagation des êtres malingres ; les membres malsains de la société se marieraient moins facilement que les membres sains. « Ce frein, dit-il, pourrait avoir une efficacité réelle si les faibles de corps et d'esprit s'abstenaient du mariage » ; et il termine en disant que c'est là un état de choses plus facile de désirer que de réaliser.

Comme on peut le remarquer, Darwin n'est pas complètement inaccessible aux sentiments de pitié et de charité ; il fait des constatations tout simplement, et rien de plus.

Il n'en est pas de même de ceux qui se donnent comme ses admirateurs.

Parmi eux, il faut citer Mme Clémence Royer et Hæckel.

La première nous expose ses théories dans la préface de sa traduction du livre de Darwin : *L'origine des espèces*. Elle s'y montre plus royaliste que le roi. Sans détour, elle se plaint des obstacles que la société oppose à l'élimination des faibles :

« Je veux parler, dit-elle, de cette charité imprudente et

aveugle où notre ère chrétienne a toujours cherché l'idéal de la vertu sociale, et que la démocratie voudrait transformer en fraternité obligatoire, bien que sa conséquence la plus directe soit d'aggraver et de multiplier dans la race humaine les maux auxquels elle prétend porter remède ; on arrive ainsi à sacrifier ce qui est fort à ce qui est faible, les bons aux mauvais, les êtres bien doués d'esprit et de corps aux êtres vicieux ou malingres. »

Quant à Hæckel, il explique très froidement que le faible doit céder sa place au fort ; il est de trop sur la terre : « Au banquet de la vie, il n'y a point de place pour lui », dit-il, et il s'élève d'une façon véhémente et cruelle contre les lois de secours aux faibles.

A rapprocher de ces illustres sélectionnistes l'économiste Weinhold qui se donne comme le disciple de Malthus, et propose, pour mettre un terme à la propagation des échantillons inférieurs, la castration d'un certain nombre d'enfants du peuple !

De même, le docteur G..., qui conseille l'avortement, et un troisième, Marcus, qui est allé jusqu'à préconiser l'infanticide !

On pourrait se croire revenu aux beaux jours de Sparte où, si les lois étaient dures, elles étaient cependant moins immorales.

4° **De nos jours** il semble s'être fait une association intelligente et indulgente des principes de la sélection, et des idées d'assistance et de charité.

Nous avons vu les quelques esprits hardis qui ont considéré comme un malheur social, ou comme une faiblesse, le soin de conserver les dégénérés, « ces déchets de l'adaptation, ces invalides de la civilisation » (Féré).

A envisager froidement et brutalement les misères humaines,

ils ont pu déclarer toute la sollicitude qu'on a pour les faibles comme contraire aux exigences de la sélection ; selon eux, il faudrait laisser fonctionner librement, à l'égard de ceux-ci, ce qu'ils ont nommé la concurrence vitale. On s'est même fait cette mélancolique et paradoxale réflexion sur l'humanité, à savoir si la bienveillance des hommes ne fait pas plus de mal que de bien (Bagehot).

Disons-le tout de suite : la civilisation spartiate ne peut devenir notre fait. Les sentiments de pitié et de charité, ces deux vertus si admirables que nous devons nous glorifier de posséder, ne font que grandir en présence de la faiblesse et de la souffrance de nos semblables. Nous ne croyons pas que c'est courir le risque de se faire accuser de sentimentalisme outré que d'accorder une place aux déshérités, au lieu de les abandonner à l'impitoyable loi de la concurrence vitale : « Le moment n'est pas encore venu de rayer la pitié et la charité du rang des vertus. » (Sanson.)

Nous ne voulons pas dire, par ces mots, que toute notre sollicitude doit aller jusqu'à sacrifier les individus sains aux malformés, dont nous ne devons pas favoriser surtout la reproduction qui ne peut être que décadente ; mais nous faisons partie d'un tout, qui est la société, au milieu de laquelle nous vivons, et nous devons protéger chacun de ses membres.

Cette protection que nous accorderions aux forts, nous ne pouvons raisonnablement pas la refuser, dans une certaine mesure, aux faibles.

Nous ne saurions mieux tracer notre ligne de conduite qu'en rappelant ces quelques lignes de M. Féré : « L'État doit protéger le malade contre les dangers qui l'entourent ; il doit aussi protéger son entourage contre les risques que ce malade peut lui faire courir. »

Avec Broca, nous admettrons que la valeur moyenne de la race peut être relevée de deux façons, « ou par l'élimination pure et simple des faibles, ou par leur perfectionnement ; la nature suivrait le premier ; la civilisation suit le second ; après avoir accordé un bienfait plus grand encore, elle les perfectionne à leur tour ».

Quels sont donc ces perfectionnements ? Ce ne sera pas de la thérapeutique que nous aurons à faire ; ce sera de l'hygiène, de la prophylaxie. Pour vaincre le mal une fois établi, il sera souvent trop tard et nos moyens, pour avoir des résultats utiles, risqueraient d'être féroces et indignes d'individus civilisés. Notre but devra consister à nous efforcer de conjurer ce mal, de l'empêcher de fondre sur nous : c'est donc plutôt de la prophylaxie qu'un traitement, que nous aurons à proposer.

On s'est hâté de donner comme principe fondamental l'interdiction d'unions entre dégénérés ; on couperait ainsi le mal dans ses racines : interdiction de la procréation chez les individus tarés, c'est évidemment la mesure la plus rationnelle, et qui vient tout d'abord à l'esprit. Mais exprimer de pareilles espérances, c'est exprimer une utopie, car ces espérances ne se réaliseront, même pas en partie, tant que les lois de l'hérédité ne seront pas mathématiquement établies.

Cette question de l'hérédité morbide, en effet, bien qu'ayant de nombreux faits à l'appui, est encore une question où les résultats ne peuvent être exactement précisés : un individu ayant dans ses ascendants un tuberculeux, un cancéreux, un arthritique, un névropathe, ne sera pas fatalement scrofuleux, cancéreux, névropathe ou arthritique ; s'il en était toujours ainsi, nous saurions à quoi nous en tenir à l'égard de cet individu ; mais la clinique et l'expérimentation nous ont appris que ce qui est héréditaire, c'est moins la maladie que le terrain, la prédisposition, et il ne suffit pas d'un terrain propice, il faut encore une culture appropriée. Déclarons donc tout d'abord que nos connaissances en matière d'hérédité ne sont pas assez sûres pour légitimer la défense de l'union de certains individus.

De plus, sur quoi pourrions-nous nous appuyer pour interdire ces unions ? Nous ne pouvons même pas supposer une loi de cette nature. Où commence la dégénérescence ? à quel degré de dégénérescence faudra-t-il mettre le veto ?

Si la question de l'interdiction des unions est délicate déjà quand il s'agit d'individus manifestement tarés, elle devient plus épineuse encore lorsqu'on se trouve en présence de sujets dont les tares familiales ou personnelles sont moins accentuées et moins nettes.

On devine facilement les exagérations dans lesquelles on ne manquerait pas de tomber : la bonne volonté aidant, on peut voir des dégénérés partout, et ce serait alors la défense matrimoniale absolue pour la plus grande partie des citoyens.

On ne pourrait donc songer à introduire dans le Code aucune disposition nouvelle aussi rigoureuse ; mais ne pourrait-on pas essayer de rendre plus difficile que par le passé le mariage d'individus atteints de tares soit ancestrales, soit personnelles ?

C'est alors que plusieurs propositions ont été émises ; nous signalerons celles qui ont le plus retenu notre attention :

D'après Galton (*Revue d'anthropologie,* 1886), l'État devrait favoriser les eugéniques, c'est-à-dire les individus issus de race supérieure et doués de hautes qualités naturelles en leur accordant des primes, des distinctions destinées à faciliter leur mariage dans des conditions avantageuses : l'État y gagnerait.

Au point de vue scientifique, cette théorie est en conformité avec les lois de l'évolution ; mais au point de vue pratique il est facile de voir toutes les objections qui s'élèveraient contre cette hypothèse, et surtout pour ce qui concerne le domaine de la vie politique.

M. Toulouse, dans son livre *Des causes de la folie*, 1896, propose de créer un livret sanitaire : ces sortes de tableaux hygiéniques seraient dressés par les médecins, déposés au centre de l'arrondissement et confiés à l'autorité administrative ; on les consulterait, le cas échéant. Afin d'éviter toute indiscrétion des employés subalternes, le nom des titulaires serait remplacé par des numéros dont quelques chefs seuls auraient la clef.

De ces relevés, faits avec soin, on pourrait ainsi tirer des conclusions pratiques et importantes ; on verrait jusqu'à quel point et de quelle façon certaines maladies sont héréditaires, et également jusqu'à quel point et de quelle façon elles ne le sont pas.

Nous dirons seulement comme commentaires que l'auteur lui-même, quoique partisan d'une pareille mesure, ne voit là qu'un désir, bien loin d'être réalisé.

Le même, devant l'impossibilité de voir passer son plan à l'état d'exécution, nous indique, quelques lignes plus loin, d'autres moyens qu'il soumet encore à titre de simples réflexions :

« Le mariage étant un contrat fait par deux individus de sexe différent pour propager l'espèce, il faut que chaque contractant sache les chances qu'il a de mener à bien son affaire, c'est-à-dire d'avoir des enfants le mieux constitués possible ; si l'un des deux avoue avoir des antécédents morbides graves et si l'autre accepte cette situation, l'État n'a pas à intervenir, vu notre conception moderne de la liberté individuelle ; mais si ces antécédents sont cachés sciemment, le contrat sera annulé et la partie contractante, convaincue de mensonge, sera obligée d'accorder des dommages-intérêts à son collaborateur, l'autre partie. »

Enfin, plus loin encore, M. Toulouse propose d'assimiler le mariage à un contrat passé avec une Compagnie d'assurances ; on sait que celles-ci imposent à leurs clients la visite de leurs médecins, relevés de la sorte du secret professionnel ; même obligation aurait lieu pour le mariage ; on n'ignore pas que, en Amérique, semblable mesure a déjà été mise en vigueur dans certains territoires.

Toutes ces réformes semblent théoriquement d'une logique excellente, mais au point de vue pratique leur application n'est pas très commode : c'est presque impossible même, dans notre société actuelle ; il n'y a pas de loi qui restreigne le champ de la liberté individuelle.

On a bien dit « que ce principe de la liberté individuelle était beau, mais qu'il devait être dominé par celui de la collectivité » (Féré) ; c'est là un problème que nous n'avons pas à discuter ici.

Que la société doive se prémunir pour sa sécurité actuelle d'abord, pour sa sécurité future ensuite, car, « en matière de dégénérescence, le présent prépare l'avenir » (Féré), nous reconnaissons la justesse de ces vues ; en effet, en face de la marche progressive des dégénérescences, nous n'avons pas le droit de rester inactifs ni de nous en rapporter « à la Providence universelle qui gouverne toute chose » (Maudsley), mais nous sommes relativement désarmés pour mettre ces idées en pratique.

Le seul moyen de trouver le remède aux maux qui nous assiègent, consistera à mettre en lumière les causes, les évolutions, les résultats pitoyables des dégénérescences et les procédés que la nature emploie pour atténuer tous ces dangers ; il nous faudra faire de la sélection artificielle, aider la nature dans son œuvre sans la contrarier, mais en adoucissant la rigueur de ses arrêts.

Nous allons envisager ce que nous ferons d'abord :

1° *A l'égard des forts;*

2° Ensuite, *à l'égard des faibles.*

1° Soit notre **conduite envers les forts** ; ce sera, à proprement parler, de la préservation que nous ferons.

En opposition aux procédés aveugles de la sélection naturelle, il y a la sélection sexuelle, qui dépend de la volonté du choix et de la rivalité des individus des deux sexes ; ces conditions ont comme moyen d'action l'instinct et l'intelligence.

En présence d'individus résistants, sans aucune tare, il faudra donc favoriser cette sélection sexuelle, encore appelée sélection conjugale par M. John Beddoë ; on note en général la préférence accordée à la beauté sur la laideur, à la constitution robuste sur la constitution chétive et maladive, à l'intelligence sur l'imbécillité. Cette sélection pourrait ainsi devenir l'agent le plus puissant du perfectionnement de la race ; en effet, des êtres bien constitués ont plus de chances de donner naissance à des êtres bien doués eux-mêmes ; certains pays l'ont probablement compris. On rapporte qu'un lord anglais disait à un de nos savants les plus illustres : « Ce qui fait notre supériorité sur vous, c'est que, pour faire nos enfants, nous choisissons nos moules, tandis que vous, vous vous préoccupez d'abord de la dot de vos femmes. »

Si ce rêve exprimé plus haut pouvait se réaliser, on verrait alors augmenter d'autant le nombre des individus forts et intelligents et baisser en proportion celui des faibles et des arriérés : l'intérêt de la race serait ainsi favorisé, et les lois de l'hérédité étant mieux connues, on pourrait se demander,

avec Spurzheim, où s'arrêterait ce perfectionnement physique,
intellectuel et moral, et si, de cette façon, on n'arriverait pas
à créer des races d'hommes d'élite; ajoutons à cette sélection artificielle, sexuelle, les avantages de la sélection naturelle qui ne laisse subsister que les plus aptes, et l'on aura
une descendance parfaite, idéale, pour ainsi dire.

Et cependant il n'en est rien, cela ne peut pas être, parce
que l'homme civilisé a promulgué des lois qui protègent les
faibles contre les injustices de la force; parce qu'il y a les
maladies acquises qui se transmettent, bien que la médecine
saura, un jour peut-être, nous garantir de la multitude de
maladies dues aux micro-parasites qui nous assiègent (les
méthodes de Pasteur et de Koch nous montrent déjà comment
on peut modifier le milieu intérieur et le rendre réfractaire
aux microbes); parce que, enfin, nos mœurs aussi opposent
à cette sélection des obstacles incessants : le mélange des
familles par le mariage se fait plus souvent en considération
de la fortune que des qualités du sang, de sorte que des
souches gâtées se trouvent revivifiées aux dépens des souches
saines. C'est à ce propos que certains législateurs, pour contre-
balancer cette action, avaient proposé la suppression de la
dot de la femme; de ce fait, bien des individus qui ne s'unissent qu'en ayant cette considération en vue, resteraient céli-
bataires et n'auraient pas de descendance; il est vrai que
beaucoup d'entre ceux-là ont souvent une charge de tares
assez lourde à leur actif, de sorte que les générations qu'ils
créent sont fortement touchées, quand la stérilité ne vient
pas elle-même les faire disparaître.

Cette préoccupation de favoriser l'union des beaux couples
a toujours été pour bien peu dans l'esprit des hommes. On
citerait comme exception le père de Frédéric II, Frédéric
Guillaume I\ :sup:`er`, qui choisissait avec intention certains indi-

vidus des deux sexes pour les accoupler. On connaît sa passion pour les colosses : il opérait à l'égard du régiment des gardes qu'il commandait, comme les éleveurs sur les animaux; il ne tolérait le mariage de ses gardes qu'avec des femmes d'une taille égale à la leur : on assure que les villages habités par ces ménages ont produit beaucoup d'hommes de haute stature.

C'était là de la sélection voulue et consciente; c'est plutôt très rare dans les populations humaines, où la précaution n'existe guère, d'assurer la transmission des plus beaux et des meilleurs caractères normaux.

Voilà pour les individus normalement constitués, et sans tare bien appréciable. Les semblables s'attirent : cette sélection sexuelle se poursuivra par une sélection dans la famille qui favorise certains enfants, leur ressemblant mieux à d'autres, et qui les rendent ainsi plus forts dans la lutte pour la vie.

Cette affinité des forts entre eux aidera d'autant à la perfection de la race, comme moyen prophylactique, qu'elle lui nuira lorsqu'il s'agira d'individus débiles et malades.

2° **Envers les faibles** quel pourrait être notre moyen de défense pour atténuer le résultat des dégénérescences ?

Nous ne rappellerons la question de l'interdiction du mariage que pour déclarer que c'est là un point délicat à traiter, presque impossible à résoudre à l'heure actuelle: nous nous y sommes arrêté assez longtemps tout à l'heure.

Le relèvement, l'éducation, le perfectionnement des produits est une idée qui, de nos jours, s'est développée de plus en plus ; et l'on s'est même adressé, dans cette voie, jusqu'aux individus tombés à l'échelon le plus inférieur de la dégradation de l'espèce, aux imbéciles et aux idiots.

Devant ces déshérités absolument de la nature, tous les plans, tous les projets que l'on a eus en vue, ne donneront que de minces satisfactions, sans résultat réel et durable ; ce que l'on peut faire de mieux pour eux, c'est de leur assurer le refuge et la nourriture avec une bonne hygiène ; quant à songer en faire des êtres sinon intelligents, tout au moins possédant des aptitudes suffisantes pour vivre en société, nous pensons que c'est là une utopie ; si on leur doit l'assistance la plus complète possible, leur perfectionnement n'est qu'un beau rêve.

C'est plus haut qu'eux, que nous devons porter nos efforts : il faut s'adresser à leurs ancêtres ; ce n'est pas de la thérapeutique, mais de l'hygiène sociale qu'il faut faire ; et alors, ces mêmes moyens s'adressant à un terrain plus favorable, pourront réussir.

Ce que nous disons sur les mentaux, nous le dirons aussi pour les tuberculeux, les alcooliques, les syphilitiques, les arthritiques : pour les individus qui sont atteints de ces maladies à un degré assez avancé, nous ne pouvons qu'établir un traitement qui les soulagera, mais ne pourra les transformer en individus sains. Il est déjà tard, le mal est entré dans cette catégorie de sujets ; mais où nous aurons plus de chances de succès, c'est en nous adressant à des individus qui ne sont encore que sur la frontière des dégénérescences : autrement dit, c'est de la prophylaxie qu'il faut faire.

Dans cette recherche, ce qui nous guidera, c'est de nous bien fixer sur la valeur et les résultats des dégénérescences. Rappelons que d'une façon générale, la dégénérescence est un amoindrissement de l'individu dans sa résistance psycho-physique : son caractère primordial, c'est que la variété pathologique ne dure pas, ne se reproduit pas comme celle qui est saine, mais se trouve frappée de stérilité et meurt après quelques générations, souvent même avant d'avoir atteint le plus bas degré de la dégradation organique ; nos observations le montrent suffisamment.

Qu'allons-nous faire alors ?

S'appuyant sur la caractéristique de la dégénérescence progressive, la stérilité, immédiatement il pourrait venir à l'esprit cette pensée très simple : pourquoi ne pas favoriser, au lieu de les empêcher, les unions entre ces individus malades? les tares augmentant, la stérilité arrivera et la race sera purifiée. C'est justement ce que fait la sélection naturelle ; par affinité, ces gens se recherchent pour s'accoupler entre eux, et, après quelques générations de courte durée, ils disparaissent, obéissant ainsi aux lois de la dégénérescence. Allons même plus loin ; faisons descendre Bicêtre à la Salpêtrière ! La tuberculose, la syphilis, l'alcoolisme, les névropathies, la folie auront beau jeu ! Cette boucherie toute pacifique ira vite en besogne !

Cette idée, dont le résultat ne serait pas douteux et se produirait rapidement, est impossible à mettre en pratique. L'homme civilisé ne peut, ne doit pas prendre la responsabilité énorme de favoriser la procréation d'individus tarés qui, à un moment donné, seront de véritables monstruosités, scientifiquement parlant. Cet acte doit être repoussé, alors même que nous invoquons le bien de la race. Quoi de plus criminel que d'aider la création légale d'individus en dehors de l'humanité ! Cette conduite nous rappellerait celle d'un maire de Vendée (dont Cullere rapporte l'observation) qui força un homme et une femme, tous deux tarés à l'extrême, à se marier, pour éviter des scandales publics et dans l'intérêt de la morale ! Nous avouerons que nous sommes plutôt surpris de voir la morale respectée et protégée par l'exécution d'un tel acte, dont les conséquences peuvent être ni plus ni moins que monstrueuses !

Loin de nous tous ces procédés dont la déduction toute simpliste n'est pardonnable, jusqu'à un certain point, que par l'absence de réflexion de leurs auteurs.

Que nous reste-t-il donc ? Aucune loi, d'après notre conception de la liberté individuelle, ne peut être édictée, d'une part, pour la défense absolue du mariage entre dégénérés ; d'autre part, les procédés primitifs et barbares répugnent à nos consciences morales plus affinées. Nous ne pouvons accepter ces mesures extrêmes ; c'est à des moyens mixtes que nous devons nous adresser : moins visibles, quoique réels et plus lents dans leur œuvre, ils pourront nous donner à la longue des résultats non pas absolus, mais relativement satisfaisants, et progressivement salutaires.

C'est dans un choix plus judicieux des *alliances* et dans une *éducation* bien dirigée que nous irons chercher secours.

1° Choix des alliances. — Ce choix des alliances sera une mesure très sage de prophylaxie ; la tâche y sera plus difficile qu'elle le fut pour l'union des individus forts : on a vu l'affinité plus marquée encore de ces dégénérés les uns pour les autres ; il nous faudra soutenir une lutte perpétuelle contre cette attraction funeste ; il faudra s'y opposer à tout prix. Moins que jamais, dans ces situations, le prestige de la fortune ou de la position sociale ne devra l'emporter sur les questions de santé et de bonne constitution. Alors que le choix des unions, d'ordinaire présidées le plus souvent par les désirs des familles et suscitées par des considérations d'ordre social, économique, politique ou religieux, ne saurait s'égarer ailleurs sans exposer celui qui le fait aux reproches de mésalliance, eh bien ! précisément ici, cette mésalliance deviendra quelquefois un bien, car elle apportera dans une

famille tarée un sang vigoureux, de la santé, peut-être de la
fécondité.

Il y a encore un obstacle à ce croisement : il existe, comme
le fait remarquer M. Cullere, « dans les mœurs, les croyances
et les répugnances de la majorité des hommes, qui les éloignent
de la catégorie des individus dégénérés ; et ce ne peut être
qu'un mobile d'intérêt purement matériel qui pourra vaincre
cette répulsion instinctivement tutélaire ».

Mais à supposer que ce croisement intelligent puisse avoir
lieu, il faudra surveiller cette union où la partie n'est pas
égale pour les deux contractants : l'un a tout à perdre, si
l'autre conjoint a tout à gagner. Si la tare est légère, si les
générations suivantes peuvent être sagement dirigées dans
le choix de leurs alliances, et jouir d'une hygiène intellectuelle,
morale et physique bien comprise, il se pourra que cette
souche gâtée se revivifie dans ses descendants. Oh ! les
exemples ne se présenteront pas en foule ! Ce ne sera qu'à
la longue, et souvent même les résultats seront incomplets;
malgré tout, nous ne devons pas épouser le fatalisme de
Maudsley qui s'en remet à la Providence. Il y a des faits
d'une régénération possible dans des conditions qu'on ne
peut déterminer complètement, mais dont la plupart consistent
en d'heureux mariages, en une éducation bien conduite, en
un genre de vie sage et prudente.

N'y aurait-il qu'un exemple, cela est suffisant puisqu'il
contribue par des moyens moraux et admis à l'amélioration
de la race.

2° **Éducation**. — En second lieu, c'est à l'éducation que nous
devons faire appel pour mener à bien cette œuvre bienfaisante.

Nous avons le devoir impérieux, absolu, d'éclairer les
masses, de leur montrer toute la responsabilité de la création

d'un être maladif et débile, et la possibilité de se retremper par des croisements sains et dans d'heureuses conditions. C'est le bonheur ou le malheur de la race humaine qui est en jeu; c'est assez pour retenir notre attention et faire appel à toutes les bonnes volontés; tous ceux qui peuvent contribuer à amener cet état de choses, rendent service à l'humanité.

L'éducation sous toutes ses formes, avec tous ses moyens, voilà le procédé seul véritablement intelligent et peut-être efficace qui permette à la société d'améliorer la race.

Il ne saurait venir à l'idée de personne, en effet, de nier son action bienfaisante à une foule d'égards : c'est le complément indispensablé du choix heureux des alliances ; nous n'irons pas, il est évident, jusqu'à dire qu'elle est capable d'ajouter ou de retrancher quoi que ce soit à l'énergie native de nos facultés, de transformer complètement un individu, de donner par exemple « un cerveau de génie à celui qui n'a reçu de la nature qu'un instinct intellectuel » (Vianna, de Lima). Le proverbe « bon chien chasse de race » est toujours vrai ; cependant nous devons bien mettre dans l'esprit de tous que l'éducation sagement dirigée a des effets réellement salutaires ; ceux-ci ne se montreront pas chez un individu en l'espace de quelques années ; mais, dans la suite, lui ou ses descendants surtout apprécieront l'importance de ses résultats ; c'est de la thérapeutique préventive, de la prophylaxie préservatrice, défensive qu'il faut faire : un jour viendra où elle portera ses fruits.

Ce que l'on fait pour l'alcoolisme, qu'on le fasse pour la tuberculose, la syphilis, la névropathie, la folie ; que l'on montre les conséquences déplorables et désastreuses de ces maux qui nous envahissent de plus en plus, et que l'on expose les moyens de s'en préserver dans la mesure du possible.

Il faut que tout le monde soit convaincu que la tuberculose, les névropathies, la syphilis, l'arthritisme ne sont pas le fait d'un pur hasard, et qu'on a le droit de penser que certaines associations entre deux sexes différents, aidées par l'éducation, le genre de vie, le milieu, sont propres à arrêter le cours de ce que l'on est habitué à considérer comme absolument fatal.

Que pourra-t-il résulter ? L'amour du célibat chez les prudents ; des unions saines chez les autres : tout sera pour le mieux. Dans le premier cas leur race s'éteindra d'elle-même, venant au secours de la sélection naturelle ; dans le second cas, ils feront de la sélection artificielle, et la dépopulation sera peu sensible, car ou ils ne reproduisent pas, ou ils reproduisent mal, et leurs produits ne sont que des charges et des dangers pour la société.

De toute notre étude le rôle du médecin apparaît alors avec toute son importance ; à côté de la maladie, il y a le malade :

Connaissant les antécédents héréditaires de ses clients, il sera à même de prévoir ce que seront leurs enfants ; à ses yeux, l'adage : *Pater est quem morbi filiorum demonstrant* offrira bien plus de garanties que l'axiome fameux du droit romain : *Pater est quem nuptiæ demonstrant.*

C'est donc faire œuvre utilitaire que d'aider la nature à faire une sélection artificielle en appliquant les doctrines scientifiques « sur les parentés morbides » (Boinet).

Le médecin possède en quelque sorte l'état civil des familles : il peut rendre un diagnostic complet, c'est-à-dire pathogénique, sur son malade ; il en tirera avec profit le pronostic sur l'état de la maladie actuelle de celui-ci, sur son avenir et sur ses descendants.

Il est dur de déconseiller le mariage à des héréditaires, jusque-là sains ; mais le médecin devra avertir la famille des dangers d'une alliance lorsque celle-ci lui réclamera son conseil ; en un mot, il devra faire de la sélection dont jusqu'ici, seul, l'art vétérinaire a su tirer parti ; il pourra donc prévenir, chez les descendants, les accidents diathésiques qu'il avait trouvés chez les ascendants.

« Il aura ainsi rempli son devoir en conservant non seulement la santé des individus, mais en s'efforçant d'accroître la vitalité des familles et de l'espèce » (Boinet).

C'est donc en dictant des unions sérieuses que la médecine, agrandissant le cadre trop étroit où elle se meut, « entre de plain-pied dans la sociologie, où elle doit justifier le célèbre mot de Descartes, que « c'est par la médecine que « les sociétés humaines peuvent progresser » (Dally).

CONCLUSIONS

La sélection naturelle peut être définie : la conservation, le développement et la transmission héréditaire des organes qui paraissent les plus aptes à aider les individus dans la concurrence vitale, dans la poursuite de leurs fins, c'est-à-dire dans la vie.

Son influence ne peut être niée ; elle nous permet d'expliquer certains phénomènes qui nous apparaissent, à première vue, sous la dépendance du hasard ou des coïncidences.

Par son action élective, mais brutale, elle devient un moyen des plus puissants de la conservation de l'espèce.

Dans l'espèce humaine, un des aspects sous lesquels elle se présente est cette sorte d'attraction en vertu de laquelle les dégénérés se recherchent et s'unissent entre eux.

Le moyen principal par lequel elle agit alors sur l'espèce, c'est l'hérédité convergente qui transmet, en les accumulant, les tares morbides des parents et finit par rendre ces individus impropres à la reproduction de l'espèce.

Sélection naturelle et hérédité convergente sont ainsi les termes d'un même processus : l'une est la loi, l'autre le moyen.

La sélection naturelle nous paraît seule pouvoir expliquer ces unions de nature à créer l'hérédité convergente qui se retrouvent dans une même famille, à toutes les générations, plusieurs fois chez le même individu, dans des unions légitimes ou libres, et dont nous avons rapporté des observations.

A l'action directe de l'hérédité convergente dans la sélection naturelle, il convient d'ajouter l'action indirecte par le milieu : les individus dégénérés, en vertu de leur état même, recherchant, par une sorte d'affinité élective, toutes les circonstances qui développent, au lieu de les combattre, les tendances spéciales de leur organisation défectueuse.

En face de ces faits, le rôle du médecin sera d'opposer à cette sélection naturelle une sélection artificielle s'inspirant des mêmes procédés : par des conseils sur le choix judicieux des alliances, par l'éducation, l'hygiène physique, intellectuelle et morale, et en éclairant les foules de telle façon que chacun peut savoir que les dégénérescences de l'espèce humaine ne sont pas le fait d'un hasard, mais la résultante de lois naturelles.

OBSERVATIONS

La plupart des observations que nous donnons ci-après
sont des observations inédites dues à l'obligeance de M. le
Dr Séglas ; nous en avons une personnelle ; d'autres enfin
sont tirées de mémoires de Cullere et de Mathos ; elles attirent notre attention à plusieurs points de vue :

D'abord nous pourrons constater que les diathèses s'y
confondent souvent ou alternent entre elles (obs. IV, V,
VIII, IX, XI) ;

Que la plupart de ces unions sont libres, illégitimes, c'est-
à-dire qu'aucune considération sociale ne les a dictées (obs. II,
IV, V, VI, IX, XI) ;

Que nombre d'entre ces dégénérés, après une première association de cette nature, ont contracté d'autres unions semblables (obs. I, II, III, IV, IX) ;

Que ces faits, enfin, se retrouvent plusieurs fois dans la même
famille, chez leurs descendants (obs. I, IX, X) ;

Que ces familles, en général, ne tardent pas à succomber,
à s'éteindre, par stérilité, n'ayant pas d'enfants, ou s'il y en
a, ceux-ci sont dans l'impossibilité de procréer (obs. I, II, IV,
V, VI, VII, IX, XI).

Toutes ces considérations nous ont semblé assez importantes pour que nous nous soyons efforcé, durant le cours de
ce travail, de prouver que ces unions étaient dues non au simple
hasard, mais étaient la résultante d'une loi, la sélection naturelle, aidée dans son action par le concours de différentes
circonstances : milieu, éducation, etc., etc.

Observation I (Cullere).

Annales médico-psychologiques,
1884.

Un homme appartenant à une famille d'extravagants, de têtes fêlées, alcoolique renforcé, sujet lui-même à des accès de délire, épouse une première femme qui compte deux aliénés dans sa famille ; elle meurt jeune, laissant un fils qui devient fou à 18 ans et, après une série d'accès, tombe dans la démence.

Notre veuf se *remarie* à une femme appartenant à une famille où l'on connaît déjà trois aliénés : elle a 7 enfants sur lesquels, jusqu'ici, on compte deux aliénés et une idiote épileptique.

OBSERVATION II (inédite). — Dr SÉGLAS, médecin de l'hospice de Bicêtre.

FAMILLE I....

Mme L...

Hystérique,
mariée 2 fois.

1re fois à   Buveur, mort paralytique général et ayant eu la syphilis
deux ans après son mariage.

2e fois à   Délire mélancolique, interné, chronicité.

Pendant l'internement, liaison illégitime avec   Accidents neuro-psychiques indéterminés ; neurasthénie
ou début de paralysie générale.

Jamais d'enfants.

Observation III (inédite). — *Idem.*

Famille T...

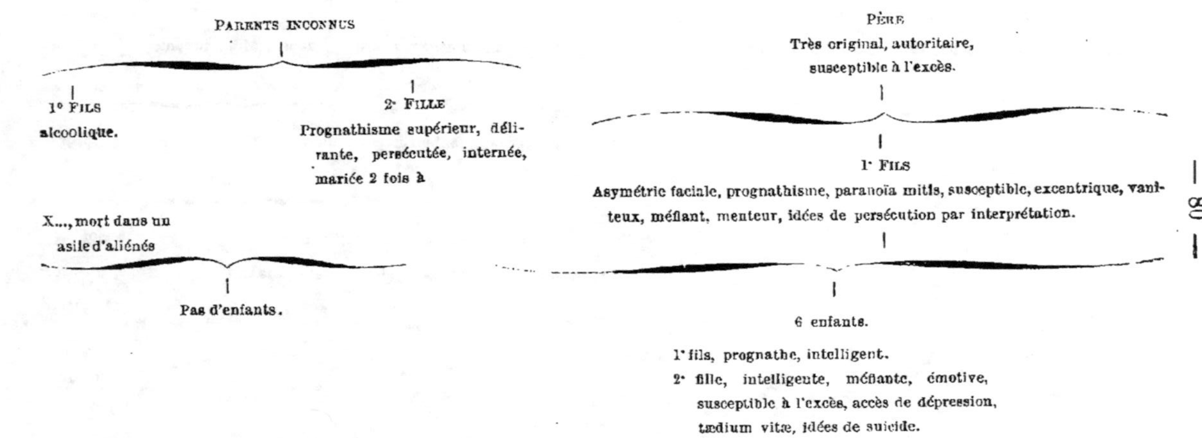

OBSERVATION IV (inédite). — *Idem.*

FAMILLE G...

PÈRE
Cancéreux.

MÈRE
Très débile, dia-
bétique, pas de
sens moral.

PÈRE
(?)

MÈRE
Coliques hépati-
ques.

PÈRE
Débile, vaniteux,
beau parleur,
esprit fort.

MÈRE
(?)

1° FILLE
Prostituée, déli-
rante, persécutée.

2° FILLE
Chorée
hystérique.

3° FILLE
Vie très irrégu-
lière ; mariée 2
fois. Le 1er mari
est mort tuber-
culeux ; plu-
sieurs liaisons
irrégulières,
dont l'une avec

1° FILS
Hémiplégie infan-
tile, mort de
méningite.

2° FILS
Déséquilibré, ins-
table, impulsif,
mort à 40 ans
d'accidents cé-
rébraux syphi-
litiques.
Marié à

1° FILLE
Peu intelligente
obèse, suicidée.

N'a jamais eu d'enfants.

1° FILS
(?)

OBSERVATION V (inédite). — *Idem.*

FAMILLE G....

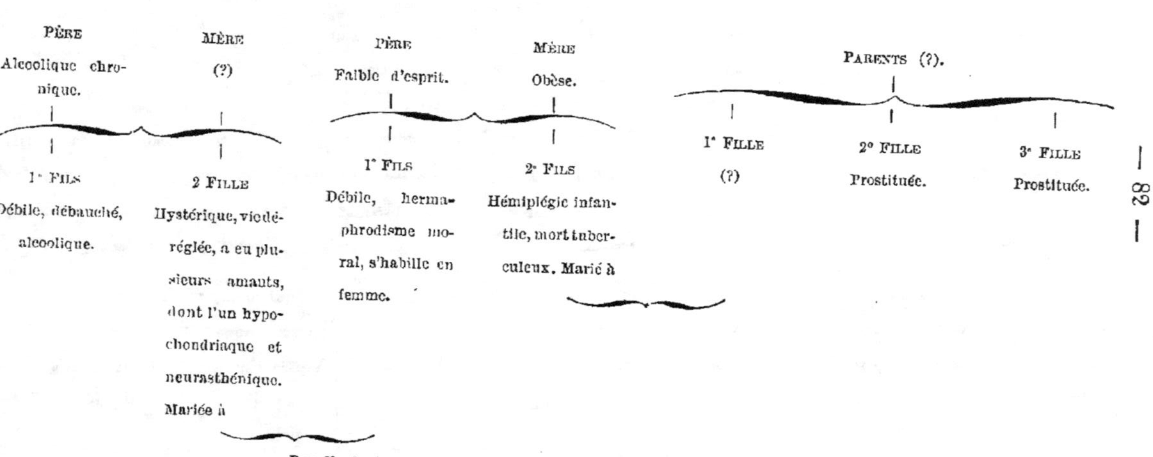

Observation VI (inédite). — *Idem.*

Famille R....

PÈRE (?) — MÈRE Cancéreuse.

1ᵉ Fils

Très intelligent, alcoolique, marié à

MÈRE Intrigante, vaniteuse. — PÈRE (?)

1ᵉ Fille, instable, extravagante, superstitieuse, romanesque, pas de sens moral, aptitudes partielles.

PARENTS (?)

1ᵉ Fils, bohême, alcoolique, violent, jaloux,

1ᵉ Fille, précoce au mauvais sens du mot.

Avant son mariage, liaison irrégulière avec

1ᵉ Fille, morte en bas âge.

Observation VII (inédite). — *Idem.*

Famille G. L...

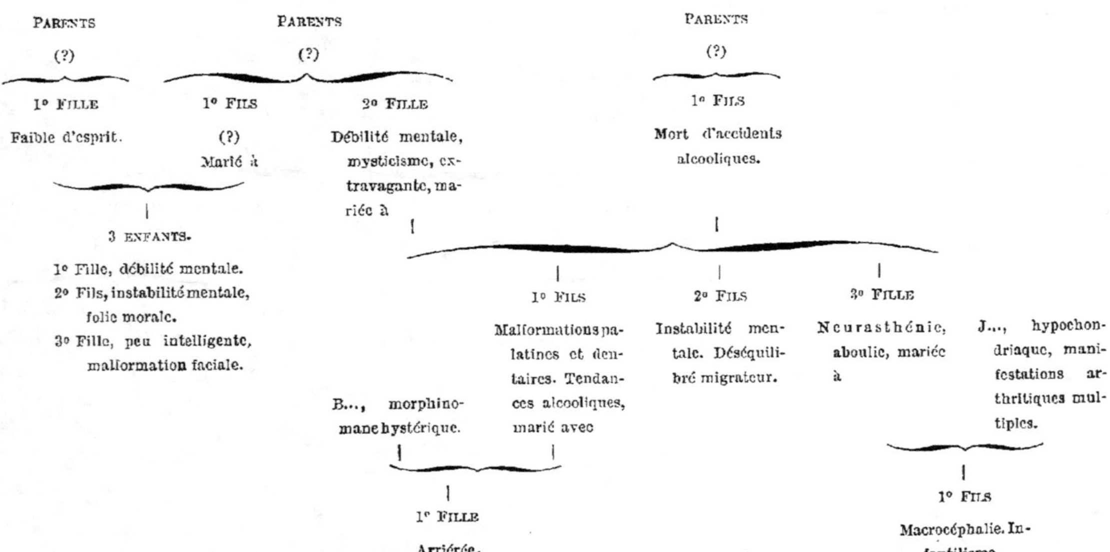

OBSERVATION VIII (inédite). — *Idem.*

FAMILLE V....

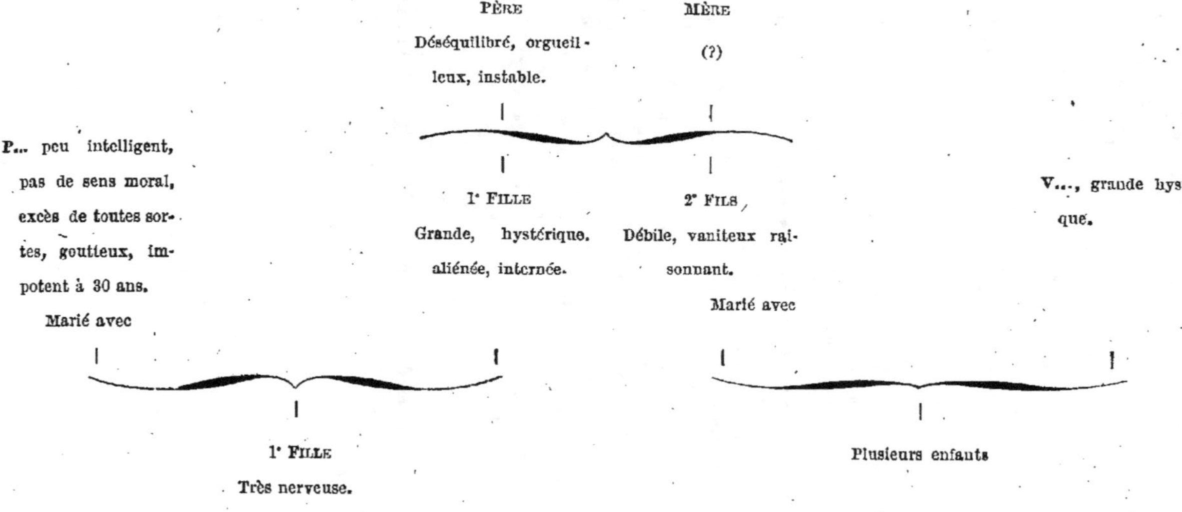

OBSERVATION IX. — Dr SÉGL

(Annales médico-psy

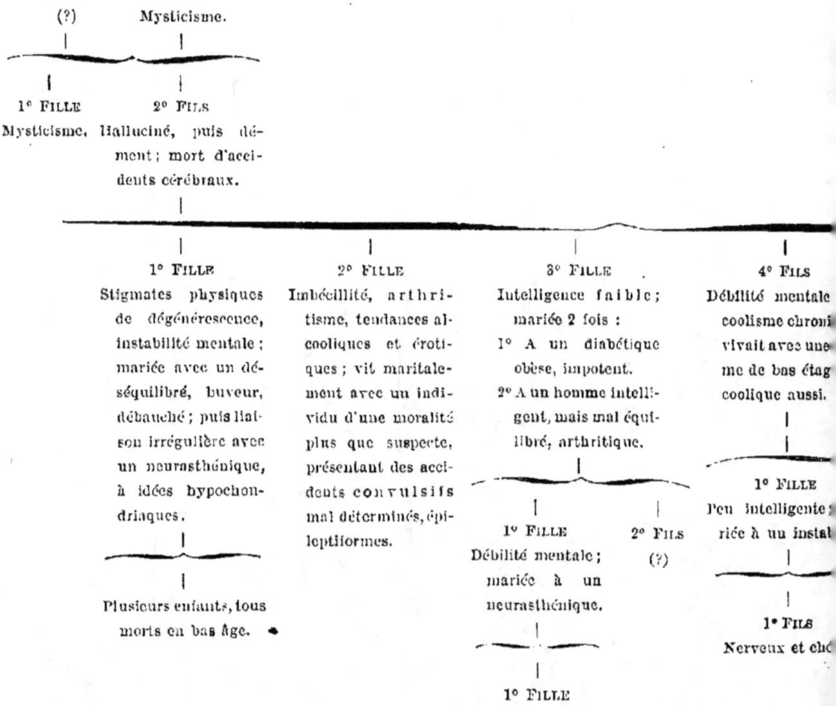

amille de dégénérés.

s, mai 1887.)

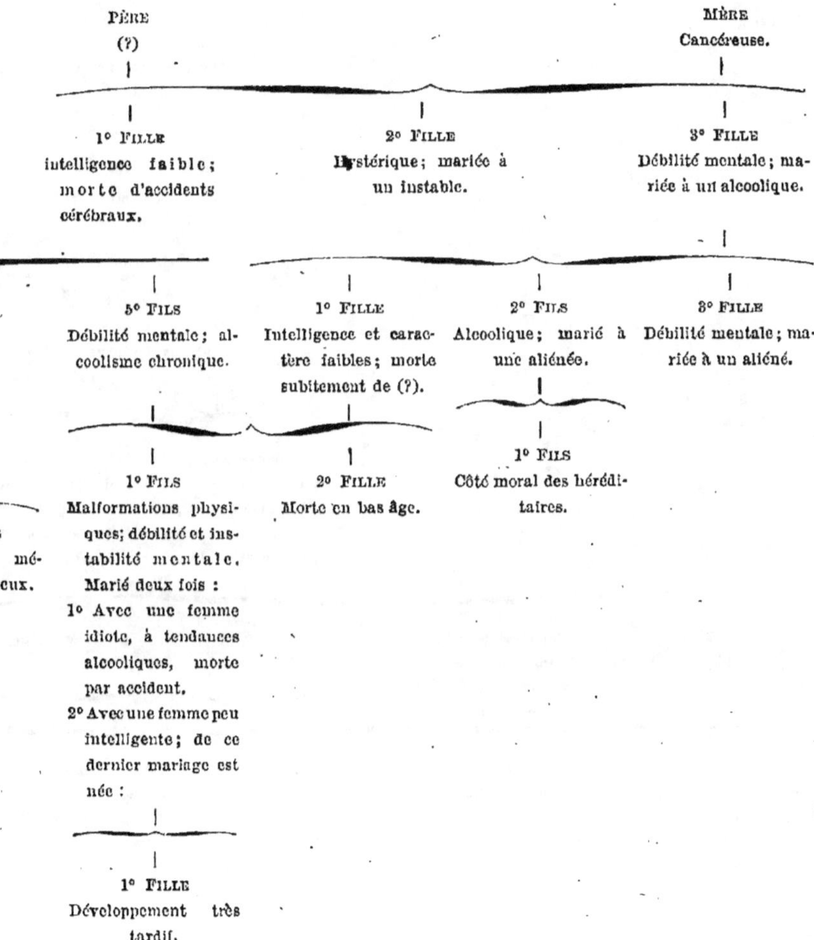

Observation X. — Dr Julio de Mattos, méde…

Directeur médecin de l'*Asile d'ali…*

Famille X...

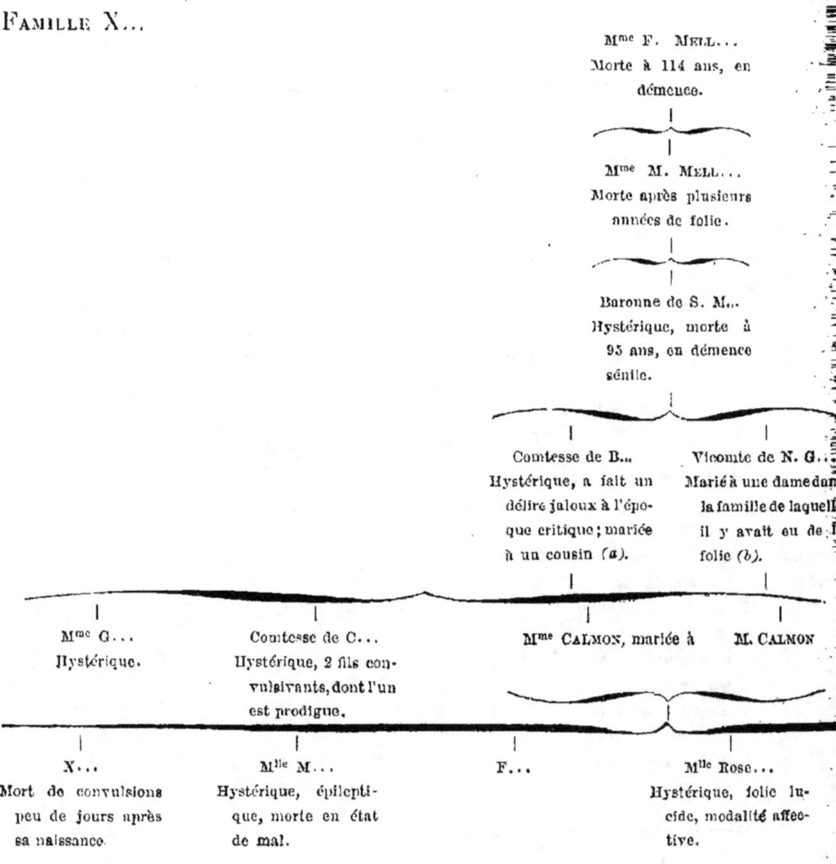

(a) Le comte de B... était normal, mais il avait dans sa famille un frère qui eut le délire des persécutions et qui…

(b) La vicomtesse de N. G... était normale, mais elle avait un frère mort après plusieurs années de folie, e…

te du Conseil médico-légal de Porto,

-Ferreira », à *Porto* (1er juillet 1900).

B...	Mlle A...	M...	V...
	Hystéro-épileptique.		Mort à 16 ans, de fiè-vre jaune, au Brésil.

fils, qui s'est suicidé.

s, dont sont issus : deux hystériques, un fou moral, interné, et un idiot.

Observation XI (personnelle).

Famille M....

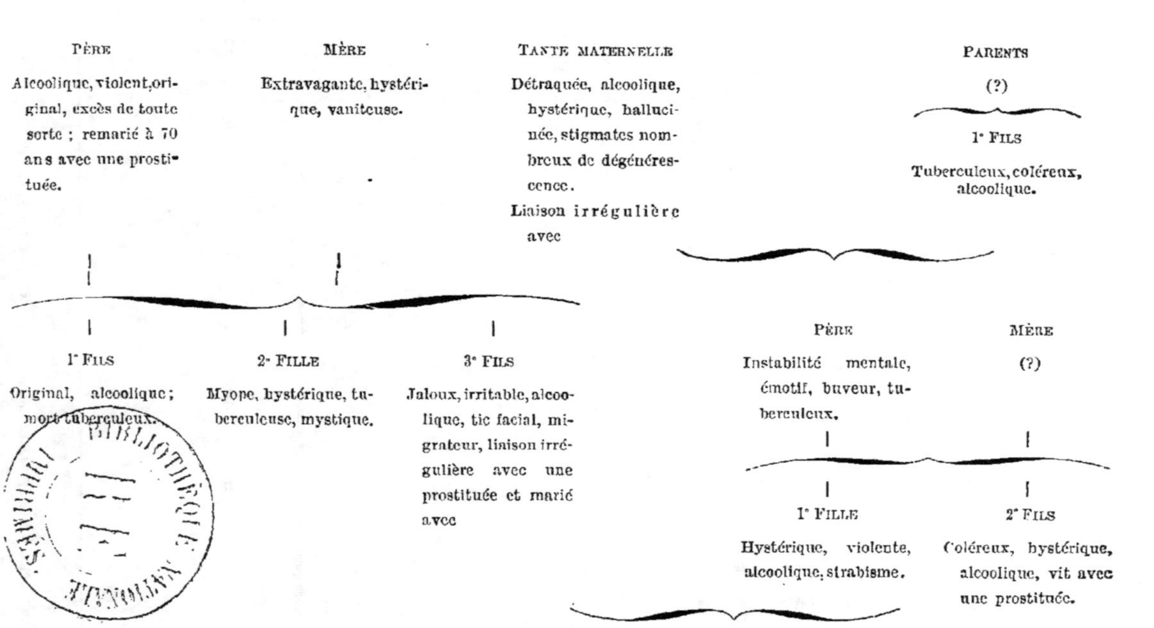

INDEX BIBLIOGRAPHIQUE

Bagehot. — *Lois scientifiques du développement des nations dans leurs rapports avec les principes de la sélection naturelle et de l'hérédité*. Paris, 1877.

Ball (W. P.). — *Les effets de l'usage et de la désuétude sont-ils héréditaires ?* Traduction H. VARIGNY. Paris, 1891.

Ballet (G.). — *Contribution à l'étude de l'état mental des héréditaires dégénérés*. Paris, 1888.

Benoiston de Châteauneuf. — Mémoire sur la durée des familles nobles en France. *Annales d'hygiène*, 1846.

Boinet. — *Les parentés morbides*. Paris, 1886.

Bourneville et Séglas. — Des familles d'idiots. *Archives de neurologie*, 1885.

Brierre de Boismont. — L'hérédité au point de vue de la médecine légale et de l'hygiène. *Annales d'hygiène*, 1875.

Chambard. — Une famille de névropathes. *Annales médico-psychologiques*, 1884.

Clémence Royer. — Article Darwinisme, in *Dictionnaire encyclopédique*, p. 707-761.

Cullere. — Des dégénérescences psycho-cérébrales, dans les milieux ruraux. *Annales médico-psychologiques*, 1884.

Dally. — Article Dégénérescence, *Dictionnaire de Dechambre*.

Darwin. — *Descendance de l'homme et sélection naturelle*. Traduction BARBIER. Paris, 1881.

Dejerine. — *Hérédité dans les maladies du système nerveux*. Thèse d'agrégation, Paris, 1886.

Doutrebente. — Étude généalogique sur les aliénés héréditaires. *Annales médico-psychologiques*, 1869.

Duval (Mathias). — *Le Darwinisme*.

Féré. — La famille névropathique. *Archives de neurologie*, 1884.

Féré. — *Dégénérescence et criminalité*. Paris, 1888.

Galton. — Théorie de l'hérédité. *Revue scientifique*, 1876.

Hæckel. — *Essai de psychologie cellulaire*.

Hanot. — Considérations générales sur l'hérédité hétéromorphe. Extrait des *Archives générales de médecine*, numéro d'avril 1895.

Herbert (Spencer). — *Principes de biologie*.

Ireland. — The blot upon then. *Brain*, Londres, 1885.

Jacoby. — *Étude sur la sélection dans ses rapports avec l'hérédité chez l'homme* 1881.

Laffont. — *De l'abus de l'hérédité en pathogénie.* Thèse Paris, 1856.

La Perre de Roo. — *La consanguinité et les effets de l'hérédité*, Paris, 1881.

Le Dantec. — *Évolution individuelle et hérédité.* Paris, 1898.

Legrain. — *De la dégénérescence de l'espèce humaine.* Paris, 1892.

Lorin. — *Aperçu général de l'hérédité et de ses lois.* Thèse Paris, 1875.

Lucas (Prosper). — *Traité philosophique et physiologique de l'hérédité naturelle dans les états de santé et de maladie du système nerveux.* Paris, 1847.

Malthus. — *Sur la condition et le résultat de l'accroissement de la population.*

Maudsley. — *Crime et folie*, 1874.

Moreau de Tours. — *La psychologie morbide dans ses rapports avec la philosophie de l'histoire.* Paris, 1859.

Morel. — *Les dégénérescences de l'espèce humaine.* Paris, 1857.

Olier. — *De l'hérédité au point de vue du mariage.* Thèse Montpellier, 1868.

Orchansky. — *Sur l'hérédité normale et morbide.* Saint-Pétersbourg, 1894.

Ribot. — *De l'hérédité psychologique.* Paris, 1882.

Rodriguez Mendez. — Matrimonio entre consanguineos y frenopatas. *Independ. med.*, Barcelone, 21 avril 1886.

Sanson. — *L'hérédité normale et pathologique.* Paris, 1893.

Séglas. — Une famille de dégénérés. *Annales médico-psychologiques*, mai 1887.

Shuttleworth. — Les mariages consanguins et les aliénations mentales. *Journal of ment. Sc.*, octobre 1886.

Tassin. — *De l'hérédité physiologique et pathologique.* Thèse Paris, 1863.

Toulouse. — *Causes de la folie.* Paris, 1896.

Vacher de Lapouge. — *Les sélections sociales.* Paris, 1896.

Vianna de Lima. — *Exposé sommaire des théories transformistes.* Paris, 1885.

Voisin. — Article « Hérédité », in *Dictionnaire de médecine et chirurgie pratiques*, p. 468.

Wallace (A.-R.). — *Le Darwinisme ; exposé de la théorie de la sélection naturelle avec quelques-unes des applications.* Traduction VARIGNY, 1889.

Weismann (A.). — *Essais sur l'hérédité et la sélection naturelle.* Traduction VARIGNY, Paris, 1892.

TABLE DES MATIERES

www.ingramcontent.com/pod-product-compliance
Lightning Source LLC
LaVergne TN
LVHW050059060726
842524LV00003B/828